D1922255

ATZ/MTZ-Fachbuch

Die komplexe Technik heutiger Kraftfahrzeuge und Antriebsstränge macht einen immer größer werdenden Fundus an Informationen notwendig, um die Funktion und die Arbeitsweise von Komponenten oder Systemen zu verstehen. Den raschen und sicheren Zugriff auf diese Informationen bietet die Reihe ATZ/MTZ-Fachbuch, welche die zum Verständnis erforderlichen Grundlagen, Daten und Erklärungen anschaulich, systematisch, anwendungsorientiert und aktuell zusammenstellt.

Die Reihe wendet sich an Ingenieure der Kraftfahrzeugentwicklung und Antriebstechnik sowie Studierende, die Nachschlagebedarf haben und im Zusammenhang Fragestellungen ihres Arbeitsfeldes verstehen müssen und an Professoren und Dozenten an Universitäten und Hochschulen mit Schwerpunkt Fahrzeug- und Antriebstechnik. Sie liefert gleichzeitig das theoretische Rüstzeug für das Verständnis wie auch die Anwendungen, wie sie für Gutachter, Forscher und Entwicklungsingenieure in der Automobil- und Zulieferindustrie sowie bei Dienstleistern benötigt werden.

MAHLE GmbH
Herausgeber

Zylinderkomponenten

Eigenschaften, Anwendungen, Werkstoffe

2., überarbeitete Auflage

Springer Vieweg

Herausgeber

MAHLE GmbH
Stuttgart, Deutschland

ISBN 978-3-658-09545-1 ISBN 978-3-658-09546-8 (eBook)
DOI 10.1007/978-3-658-09546-8

Die Deutsche Nationalbibliothek verzeichnet diese Publikation in der Deutschen Nationalbibliografie; detaillierte bibliografische Daten sind im Internet über http://dnb.d-nb.de abrufbar.

Springer Vieweg
© Springer Fachmedien Wiesbaden 2009, 2015
Das Werk einschließlich aller seiner Teile ist urheberrechtlich geschützt. Jede Verwertung, die nicht ausdrücklich vom Urheberrechtsgesetz zugelassen ist, bedarf der vorherigen Zustimmung des Verlags. Das gilt insbesondere für Vervielfältigungen, Bearbeitungen, Übersetzungen, Mikroverfilmungen und die Einspeicherung und Verarbeitung in elektronischen Systemen.

Die Wiedergabe von Gebrauchsnamen, Handelsnamen, Warenbezeichnungen usw. in diesem Werk berechtigt auch ohne besondere Kennzeichnung nicht zu der Annahme, dass solche Namen im Sinne der Warenzeichen- und Markenschutz-Gesetzgebung als frei zu betrachten wären und daher von jedermann benutzt werden dürften.

Der Verlag, die Autoren und die Herausgeber gehen davon aus, dass die Angaben und Informationen in diesem Werk zum Zeitpunkt der Veröffentlichung vollständig und korrekt sind. Weder der Verlag noch die Autoren oder die Herausgeber übernehmen, ausdrücklich oder implizit, Gewähr für den Inhalt des Werkes, etwaige Fehler oder Äußerungen.

Gedruckt auf säurefreiem und chlorfrei gebleichtem Papier.

Springer Fachmedien Wiesbaden ist Teil der Fachverlagsgruppe Springer Science+Business Media
(www.springer.com)

Vorwort

Liebe Leserinnen und Leser,

vor Ihnen liegt die zweite, überarbeitete Auflage des ersten Bands der MAHLE Produktkunde, einer mehrbändigen Fachbuchreihe. Dieser erste Band, wie auch der zweite Band „Kolben und motorische Erprobung", wird Ihnen die tägliche Arbeit in diesem Spannungsfeld etwas erleichtern und mit vielen Bildern, Grafiken und Tabellen ein guter Ratgeber bei allen schwierigen Fragen sein. Die MAHLE Produktkunde wendet sich an Ingenieure und Naturwissenschaftler aus den Bereichen Entwicklung, Konstruktion und Instandhaltung von Motoren, Professoren und Studenten der Fakultäten Maschinenbau, Motorentechnik, Thermodynamik und Fahrzeugbau und natürlich an alle Leserinnen und Leser, die Interesse an modernen Otto- und Dieselmotoren haben.

Die Entwicklung und Konstruktion von Verbrennungsmotoren befindet sich gegenwärtig in einer äußerst spannenden Phase. Noch nie waren die Anforderungen der internationalen Gesetzgeber, der Kunden und der Verbraucherorganisationen zum Teil so widersprüchlich in ihren Auswirkungen auf Konstruktion und Entwicklung der Motoren. So ist Umweltschutz durch sauberes Abgas nicht zum Nulltarif – weder bei den Kosten noch beim Gewicht der Motoren – zu haben. Partikelfilter, Abgasrückführung, SCR-Systeme und andere Lösungen zur Abgasreinigung stehen darüber hinaus oft in einem direkten Zielkonflikt zum angestrebten geringeren Kraftstoffverbrauch.

In diesem ersten Band präsentieren wir Ihnen alle Details zu den wichtigen Zylinderkomponenten in wissenschaftlicher Tiefe und Akribie. Es werden viele Fragen zu Kolbenringen, Kolbenbolzen und Kolbenbolzensicherungen, Gleitlagern, Pleuelstangen sowie zu Kurbelgehäusen und Zylinderlaufbuchsen beantwortet. Der Inhalt spiegelt sowohl Erfahrung als auch Wissen und Fachkompetenz der Ingenieure und Naturwissenschaftler von MAHLE wider.

Viele anschauliche Fotos und Grafiken informieren Sie über neueste und auch zukünftige Trends bei den Zylinderkomponenten. Ob Werkstoffe, Bauarten, Beschichtungen und Oberflächenbehandlungen, numerische Simulation und FE-Berechnungen sowie Gießverfahren; kein relevantes Thema wurde ausgelassen.

Wir wünschen Ihnen viel Freude und viele neue Erkenntnisse mit dieser Lektüre.

Stuttgart, Oktober 2015

Wolf-Henning Scheider
Vorsitzender der Konzern-Geschäftsführung und CEO

Heinz K. Junker
Vorsitzender des Aufsichtsrats

Danksagung

Wir danken allen Autoren, die an diesem Band mitgewirkt haben.

Dipl.-Ing. Juliano Avelar Araujo, Brasilien
Dipl.-Ing. Beat M. Christen, Deutschland
Dipl.-Ing. Jürgen Dallef, Deutschland
Dipl.-Ing. André Ferrarese, Brasilien
Dr.-Ing. Rolf-Gerhard Fiedler, Deutschland
B.Eng. James George, Großbritannien
Dr. rer. nat. Roger Gorges, Großbritannien
David Hancock, Großbritannien
Dipl.-Ing. Daniel Hrdina, Deutschland
Michael Bernhard Hummel, Deutschland
CEng MIMechE Mike Jeremy, Großbritannien
Dipl.-Ing. Horst Kaiser, Deutschland
Dipl.-Ing. Oliver Kroner, Deutschland
Dipl.-Ing. Ditrich Lenzen, Deutschland
Dipl.-Ing. Roland Lochmann, Deutschland
Ing. Josef Locsi, Deutschland
Dr.-Ing. Daniel Lopez, Deutschland
B.Eng. Sebastian Mangold, Deutschland
Dipl.-Ing. Leandro Mileo Martins, Brasilien
Günther Mayer, Deutschland
Dipl.-Ing. Marcelo Miyamoto, Brasilien
Dipl.-Ing. Marco Maurizi, Deutschland
Dr.-Ing. Uwe Mohr, Deutschland
Dipl.-Ing. Eduardo Nocera, Brasilien
Dipl.-Ing. Marcio Padial, Deutschland
Dipl.-Ing. Berthold Repgen, Deutschland
Dipl.-Ing. Andreas Seeger-van Nie, Deutschland
Dipl.-Ing. Anabelle Silcher, Deutschland
Dr.-Ing. Stefan Spangenberg, Deutschland
Peter Thiele, Deutschland
Dipl.-Ing. Adolf Tirler, Deutschland
Dr. Eduardo Tomanik, Brasilien
Dipl.-Ing. Achim Voges, Deutschland
Dipl.-Ing. Oliver Voßler, Deutschland
Prof. Dr.-Ing. Stefan Zima (†), Deutschland

Inhaltsverzeichnis

1 Kolbenringe

1.1 Aufgabe und Funktion der Kolbenringe

Kolbenringe haben für den motorischen Betrieb folgende wichtige Aufgaben zu erfüllen:

- Abdichten des Brennraumes, um den Druck des Verbrennungsgases aufrechtzuerhalten. Das Verbrennungsgas darf nicht in das Kurbelgehäuse gelangen (wird auch Blow-by genannt) und Schmieröl nicht in den Brennraum.
- Ableitung der in den Kolben einfallenden Wärme an die Zylinderlauffläche.
- Steuerung des Ölhaushaltes, wobei einerseits eine Mindestölmenge zur Bildung eines hydrodynamischen Schmierfilms auf die Zylinderlauffläche gelangen muss, andererseits der Ölverbrauch so gering wie möglich gehalten werden soll.

Ein Kolbenringpaket besteht in der Regel aus drei Kolbenringen: zwei Kompressionsringen (auch erster und zweiter Kolbenring genannt) sowie einem Ölabstreifring (dritter Kolbenring).

Die Kolbenringe übernehmen folgende Aufgaben:

1. Kolbenring: Kompression der Verbrennungsluft bzw. des Gasgemisches und Aufnahme des Gasdrucks im Arbeitsspiel, Ableitung der anfallenden Wärme an die Zylinderlauffläche (siehe auch Abschnitt 1.3) und in geringem Maße Abstreifen des Restöls von der Zylinderlauffläche.

2. Kolbenring: Aufnahme des restlichen Gasdruckes infolge Blow-by vom 1. Kolbenring, Steuerung der Druckverhältnisse in der Ringpartie, Abstreifen des Öls von der und Ableitung der hier anfallenden Wärme an die Zylinderlauffläche.

3. Kolbenring: Homogene Verteilung des Öls zur Schmierung des tribologischen Systems Kolbengruppe / Zylinderlaufbahn und Abstreifen von überschüssigem Öl.

Bei der Auslegung von Kolbenringen sind jedoch auch folgende Punkte zu beachten:

- **Brandspurbildung:** Partieller Fressvorgang, welcher zu starkem Verschleiß, schlechter Dichtwirkung, erhöhtem Ölverbrauch und erhöhter Durchblasmenge führt.
- **Ringflattern oder radialer Kollaps:** Auftreten von radialen oder axialen Instabilitäten, welche zu einer Undichtigkeit und damit zu erhöhtem Blow-by führen.
- **Ringstecken:** Bei zu hoher Temperatur des Kolbens verkokt das Öl in den Ringnuten, sodass sich die Kolbenringe darin festsetzen.
- **Hoher Ölverbrauch:** Einflussgrößen sind das Formfüllungsvermögen (s. Abschnitt 1.5.1.4) der Kolbenringe, Verformung und Honung der Zylinderlaufbahn sowie Gasdruckverhältnisse im Kolbenstegbereich.
- **Reibung:** Die Kolbenringe haben einen großen Anteil an der Reibung der Kolbengruppe.

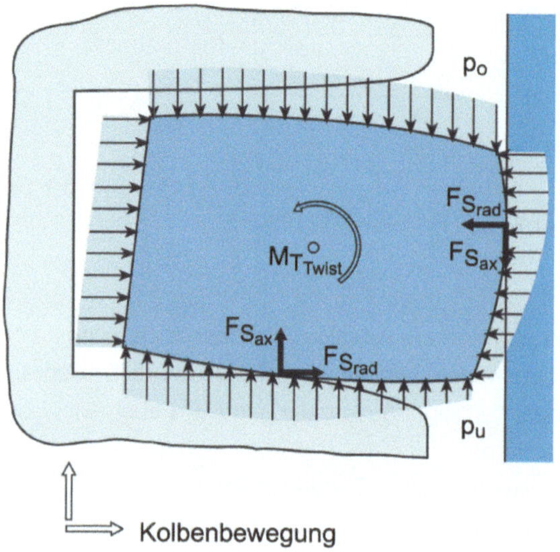

Bild 1.1:
Auf einen Kolbenring einwirkende Kräfte in der Kolbenringnut

hellblau: Kolbenringnut
mittelblau: Kolbenring
dunkelblau: Zylinder

Pfeile, den Kolbenring umgebend: auf den Kolbenring wirkende Kräfte

p_o = Gasdruck oberhalb des Kolbenrings

p_u = Gasdruck unterhalb des Kolbenrings

F_{Srad} = Radial wirkende Kraft und Gegenkraft

F_{Sax} = Durch Reibung verursachte axiale Kraft und Gegenkraft

$M_{T\ Twist}$ = Gegenmoment des Kolbenrings

Pfeilrichtung ist positiver Twist

Kompressionsringe sind überwiegend einteilig und selbstspannend. Ihre Grundform ist ein dünnwandiger, axial niedriger Kreiszylinder. Zur Erzeugung des notwendigen Anlagedrucks gegen die Zylinderwand erhalten die Kolbenringe die Form einer offenen Ringfeder. Die im eingebauten Zustand radial wirkende Federkraft wird im Motorbetrieb durch den auch hinter dem Kolbenring herrschenden Gasdruck verstärkt. Die axiale Anlage an der Ringnutflanke wird im Wesentlichen durch die Gasdruckbeaufschlagung der Kolbenringflanke erzeugt (**Bild 1.1**).

Beim Einbau des Kolbens in den Zylinder werden die Kolbenringe an ihren Enden bis auf das Stoßspiel zusammengedrückt. Im Kolben sind sie in ihren Abmessungen entsprechenden Kolbenringnuten geführt und folgen deshalb der Kolbenbewegung. Diese 1854 von John Ramsbottom erfundene, als Selbstspanner bezeichnete Bauart hatte sich von Anfang an in Kolben von Dampflokomotiven bewährt. Sie wurde zur Basiserfindung der Motorentechnik, weil erst mit dieser Ringart eine sichere Abdichtung der hohen Gasdrücke im Brennraum möglich wurde – heute bis zu mehr als 260 bar.

Die Kraft, mit der sich ein Kolbenring an die Zylinderwand anlegt, hängt hauptsächlich von der Durchmesserdifferenz des vorgespannten Kolbenrings und des Zylinders ab. Diese Vorspannung wird so ausgelegt, dass der Kolbenring den jeweiligen Anforderungen gerecht wird, die sich aus Arbeitsverfahren und Betriebsbedingungen ergeben. Durch den Einbau des Kolbenrings in den Zylinder wird eine Tangentialkraft hervorgerufen, die ihrerseits den Anpressdruck erzeugt.

- Die radiale Verteilung des Anpressdrucks wird durch die Form des Kolbenrings erreicht, Kolbenringe sind heute durchweg doppelt-formgedreht oder aus Draht gewickelt.

- Die radiale Verteilung des Anpressdrucks hängt von der Form der Lauffläche – zylindrisch oder konisch – und der Profilgeometrie des Kolbenrings (Balligkeit) ab.
- Der Anpressdruck ist durch das Arbeitsverfahren bestimmt.

Der Radialdruck, mit dem sich der Kolbenring an die Zylinderlaufbahn anlegt, ist klein im Vergleich zu dem Gasdruck, der von der Ringnut im Kolben auf die Innenseite des Kolbenrings wirkt (**Bild 1.1**). Bei Dieselmotoren mit ihren hohen Gasdrücken wird in vielen Fällen der Kolbenring an der Lauffläche so geformt, dass der Gasdruck von hier gegen den von der Innenseite wirkt und so den Anlagedruck an der Zylinderlauffläche verringert. Durch den montagebedingten Ringstoß kann der Kolbenring nicht vollkommen abdichten, was zu Undichtigkeiten an dieser Stelle führt.

Von Kolbenring-Werkstoffen werden gefordert:
- gutes Lauf- und Notlaufvermögen,
- elastisches Verhalten,
- mechanische Festigkeit,
- hohe Warmfestigkeit,
- hohes Wärmeleitvermögen und
- gute Bearbeitbarkeit.

Als Werkstoffe werden unvergüteter und vergüteter Grauguss, Gusseisen mit Kugelgrafit (vergütet) und vergüteter Stahl oder nitrierter Edelstahl verwendet.

Zur Verbesserung des Einlaufverhaltens, Verringerung von Verschleiß sowie Unterbindung von Brandspurbildung werden besondere Maßnahmen durch Beschichtung und Bewehrung (Schutz) der Laufflächen ergriffen.

Das Betriebsverhalten hängt von vielen Einflussgrößen ab, weshalb sich die Optimierung von Kolbenringen oft aufwendig und schwierig gestaltet:
- Bauart und Konstruktion des Motors,
- Verbrennungsverfahren, Verbrennungsablauf, Drücke und Druckgradienten,
- Motorblock- und Zylinderausführung, Zylinderwerkstoff und -bearbeitung (z. B. Honung),
- Kraftstoff und Schmiermittel,
- Kolbentechnologie,
- Kolbenringtyp, -werkstoff und -lauffläche sowie
- Betriebsbedingungen.

1.2 Wirkprinzipien

Als Teil der beweglichen Begrenzung des Motorarbeitsraums des Motors erfüllt der Kolbenring verschiedene Aufgaben. Für den Ablauf des thermodynamischen Prozesses hat er dafür zu sorgen, dass der Gasdruck im Zylinder aufrechterhalten bleibt und nicht absinkt. Das ist Aufgabe insbesondere des ersten Kolbenrings. Voraussetzung ist, dass ein Schmierfilm, der als „gasabdichtende Öldruckbarriere" wirkt, vorhanden ist. Versuche von Felix Wankel hatten gezeigt, dass ohne eine solche Flüssigkeitsschicht ein Abdichten hoher Gasdrücke gegen bewegliche Teile nicht möglich ist. Durch die Bewegung des Kolbenrings baut sich ein hydrodynamischer Druck auf, der höher als der Gasdruck ist. Deshalb ist es für die Funktion des Kolbenrings so wichtig, dass die Zylinderlauffläche ausreichend mit Schmieröl benetzt wird. Die Grobdosierung dieser Ölmenge wird von dem Ölabstreifring, die Feinsteuerung vom ersten Kolbenring mit Ölabstreifwirkung vorgenommen.

Die Anordnung mehrerer Kolbenringe hintereinander bildet ein System von Drosselkammern, in denen der Druck der Leckgase durch Drosselung und Verwirbelung weiterhin abgebaut wird. Es lässt sich aber nicht vermeiden, dass ein geringer Teil von Verbrennungsgasen, verdichtetem Gemisch bzw. Luft an den Kolbenringen vorbei in das Kurbelgehäuse gelangt (Durchblasmenge oder Blow-by-Gas). Die Breite und Toleranz des Ringstoßes hat einen erheblichen Einfluss auf die Durchblasmenge. An den Flanken dichtet der Kolbenring wie ein Ventil ab. An der Lauffläche machen sich Undichtigkeiten am stärksten bemerkbar, weil beim Durchblasen der Ölfilm durchbrochen wird. Generell wird eine möglichst geringe Durchblasmenge (Blow-by) angestrebt, da die Verbrennungsgase zu verstärkter Ölalterung und Bauteilverschleiß führen. Dennoch ist eine gewisse Blow-by-Menge erwünscht, um einen Öltransport in die Brennkammer zu vermeiden.

1.3 Kräfte und Beanspruchungen

Kräfte und Temperaturen an Kolbenringen

Kolbenringe werden mechanisch, thermisch, tribologisch und korrosiv hoch beansprucht.

Kolbenringe haben ihre Aufgabe bei hohen Verbrennungsgastemperaturen und Verbrennungsdrücken bis zu 260 bar zu erfüllen.

Bis zu 20 % der vom Kolben aufgenommenen Wärme werden je nach Design von den Kolbenringen an die Zylinderwand übertragen.

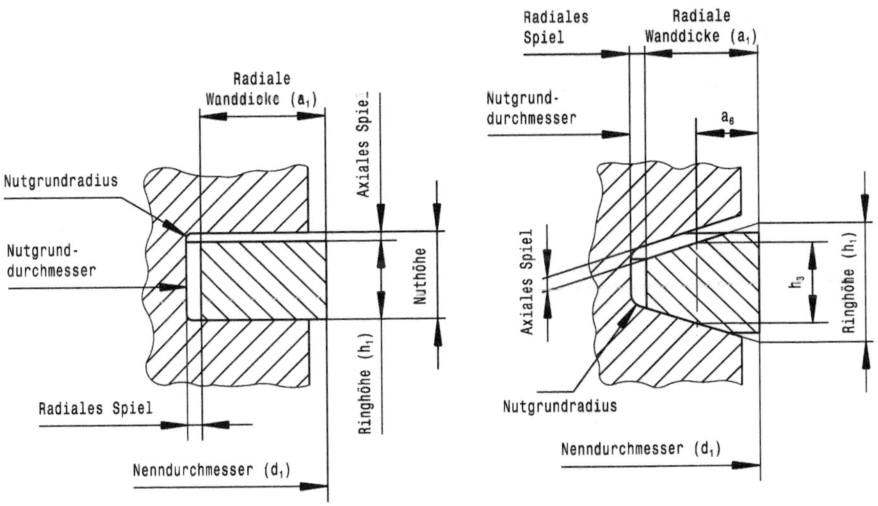

Bild 1.2: Rechteckring (links) und Trapezring (rechts), Axialspiele

Die Grenze der Temperaturbelastung des ersten Kolbenrings ist erreicht, wenn das Öl in der ersten Kolbenringnut als Folge zu hoher Temperatur zu verkoken beginnt. Dadurch wird die Beweglichkeit des ersten Kolbenrings, eine Voraussetzung für seine sichere Funktion, eingeschränkt. Er liegt nicht mehr richtig an der Zylinderlauffläche an, es kommt zum Ringstecken. Ringseitige Abhilfe bietet der Anfang der 1930er-Jahre von dem englischen Motorhersteller Napier entwickelte Trapezring (**Bild 1.2**).

Wichtig ist eine wirksame Kolbenkühlung, wodurch die Kolbenringe thermisch entscheidend entlastet werden. Je nach Art der Kolbenkühlung kann die in die Kolbenringe fließende Wärme reduziert werden.

Während einer Umdrehung der Kurbelwelle bewegt sich der Kolben vom oberen zum unteren (UT) und wieder zum oberen Totpunkt (OT). Dabei legt er zweimal den Hub zurück. Bei dieser Bewegung wird er beschleunigt und verzögert. Der Kolbenring bewegt sich infolge seiner Massenträgheit in der Kolbenringnut relativ zum Kolben. Dabei tendiert er infolge der Reibungskräfte an der Zylinderlauffläche zum Kippen (**Bild 1.1**). Beim Aufschlagen kann er Kräfte auf die Flanken der Ringnuten ausüben. Bei Dieselmotoren wird dieser Effekt durch die Wirkung des hohen Gasdrucks noch verstärkt.

Der Verschleiß der Nutflanken beeinträchtigt die Funktion der Kolbenringe bis hin zum Ringfresser, Ringbruch und als Folge davon Kolbenfresser. Die Einführung von Aluminiumkolben für Dieselmotoren als Antrieb von Nutzfahrzeugen Anfang der 1930er-Jahre drohte an dieser Schadensart zu scheitern, bis Ernst Mahle mit dem Ringträger als Nutenbewehrung (**Bild 1.3**) eine wirksame Abhilfe schuf.

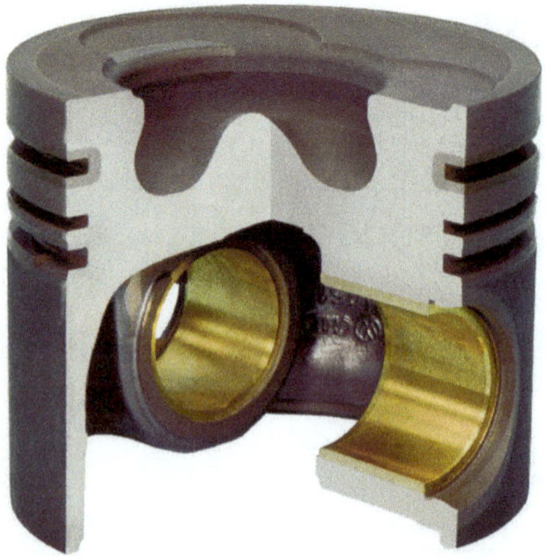

Bild 1.3:
Ringträgerkolben

Die hohen Gastemperaturen, denen insbesondere der erste Kolbenring, wenn auch nur kurzzeitig, ausgesetzt ist, erschweren seine Funktion dadurch, dass sie zusammen mit dem Gasdruck die Schmierbedingungen zwischen dem ersten Kolbenring und der Zylinderlauffläche erschweren. Dadurch gerät der erste Kolbenring in einen tribologisch kritischen Betriebszustand.

Kolbenringe, Kolben, Zylinderlauffläche und Schmiermittel bilden ein tribologisches System, für dessen einwandfreie Funktion alle Gleitpartner verantwortlich sind. Beim Kolbenring sind es Bauart, konstruktive Detailausführung, Vorspannung, Werkstoff und Beschichtung, beim Kolben Bauart und Werkstoffe bzw. Werkstoffpaarung sowie konstruktive Details wie Kühlung, bei der Zylinderlauffläche Werkstoff, Bearbeitung (Honung) und Formtreue (siehe Kapitel 5). Die Schmierung hängt vom Schmiermittel selbst (Grundöl, Additive, Viskositätsklasse), einer ausreichenden Benetzung der Lauffläche und den Temperaturen im System ab.

Verbrennungsgase enthalten abhängig von Verbrennung und Kraftstoffqualität korrosive Bestandteile, deren nachteiligster Schwefeldioxid (SO_2) ist. Schwefeldioxid begünstigt den korrosiven Verschleiß der Zylinderlauffläche, hauptsächlich im Bereich des OT. Auch die Ringlauffläche wird angegriffen. Schlechter werdende Kraftstoffe (Schweröle), mit denen Großmotoren (mittelschnell laufende Viertakt- und langsam laufende Zweitaktmotoren) betrieben werden, verschärfen dieses Problem und verlangen ring-, kolben- und zylinderseitig besondere Maßnahmen.

Die Bewegung des Ringpakets erzeugt Reibung und dadurch mechanische Verluste. Zwischen 10 und 20 % der gesamten Motorreibleistung wird durch das Ringpaket verursacht. Die Reibung wird hauptsächlich durch folgende Faktoren bestimmt:

- die Flächenpressung (Tangentialkraft und Gasdruck),
- die Ringhöhe,

- den Reibungskoeffizienten der Kontaktfläche (Beschichtung),
- die Ringlaufflächenform (Balligkeit),
- die Oberflächenbeschaffenheit des Gegenkörpers (Zylinderlauffläche).

Eine Reduzierung der Reibungsverluste kann hauptsächlich durch die Minimierung der Flächenpressung, d.h. durch die Reduzierung der Tangentialkraft und der Ringhöhe erreicht werden.

1.4 Kolbenringbauarten

Die unterschiedlichen Aufgaben der Kolbenringe lassen sich nicht mehr mit einem einzelnen Ringtyp erfüllen. Es war daher sinnvoll, die heute in Anwendung befindlichen Kolbenringbauarten zu klassifizieren. Die Klassifizierung erfolgte in DIN ISO 6621, Teil 1 entsprechend **Bild 1.4**.

In den vergangenen Jahren wurde die Höhe der Kolbenringe drastisch verkleinert. Sie beträgt heute bei Kompressionsringen für Pkw-Ottomotoren beispielsweise nur noch 1,2 bis 1,0 mm. Zum Vergleich: In den 1930er-Jahren betrug die Ringhöhe das Doppelte bis Dreifache. Niedrigere Kolbenringe haben eine kleinere Masse, benötigen weniger Einbauraum und ermöglichen eine niedrigere Kompressionshöhe des Kolbens. Außerdem zeigen sie ein besseres Betriebsverhalten im Hinblick auf Reibung, Ringflattern und Durchblasen (Blow-by). Eine präzise Bearbeitung der Kolbenringnuten ist daher enorm wichtig. Bei extremen Verhältnissen von radialer Kolbenringbreite zu axialer Kolbenringhöhe werden die Kolbenringe instabil.

Die einzelnen Motorarten – Ottomotoren, Pkw- und Nkw-Dieselmotoren, sowie mittelschnell laufende Viertaktmotoren und langsam laufende Zweitaktdieselmotoren – erhalten Kolbenringpakete, bei denen durch Kombination und Abstimmung unterschiedlicher Kolbenringbauarten die Gesamtwirkung auf die jeweiligen Betriebsverhältnisse abgestimmt ist.

Der erste Kolbenring ist dem Brennraum am nächsten. Daher ist er den höchsten mechanischen und thermischen Belastungen ausgesetzt. Um eine gute Temperaturbeständigkeit zu gewährleisten, verwendet man bei diesen Kolbenringen Sphäroguss- oder Stahlwerkstoffe als Grundwerkstoff. Auch werden sie beschichtet oder speziell behandelt, um Reibung und Verschleiß zu reduzieren. Kolbenringe dürfen an der Zylinderlaufbahn nur einen minimalen Verschleiß verursachen.

Der erste Kolbenring für hoch belastete Nutzfahrzeug-Dieselmotoren ist meist trapezförmig ausgebildet (siehe Abschnitt 1.4.5). Die Lauffläche kann symmetrisch oder asymmetrisch ballig

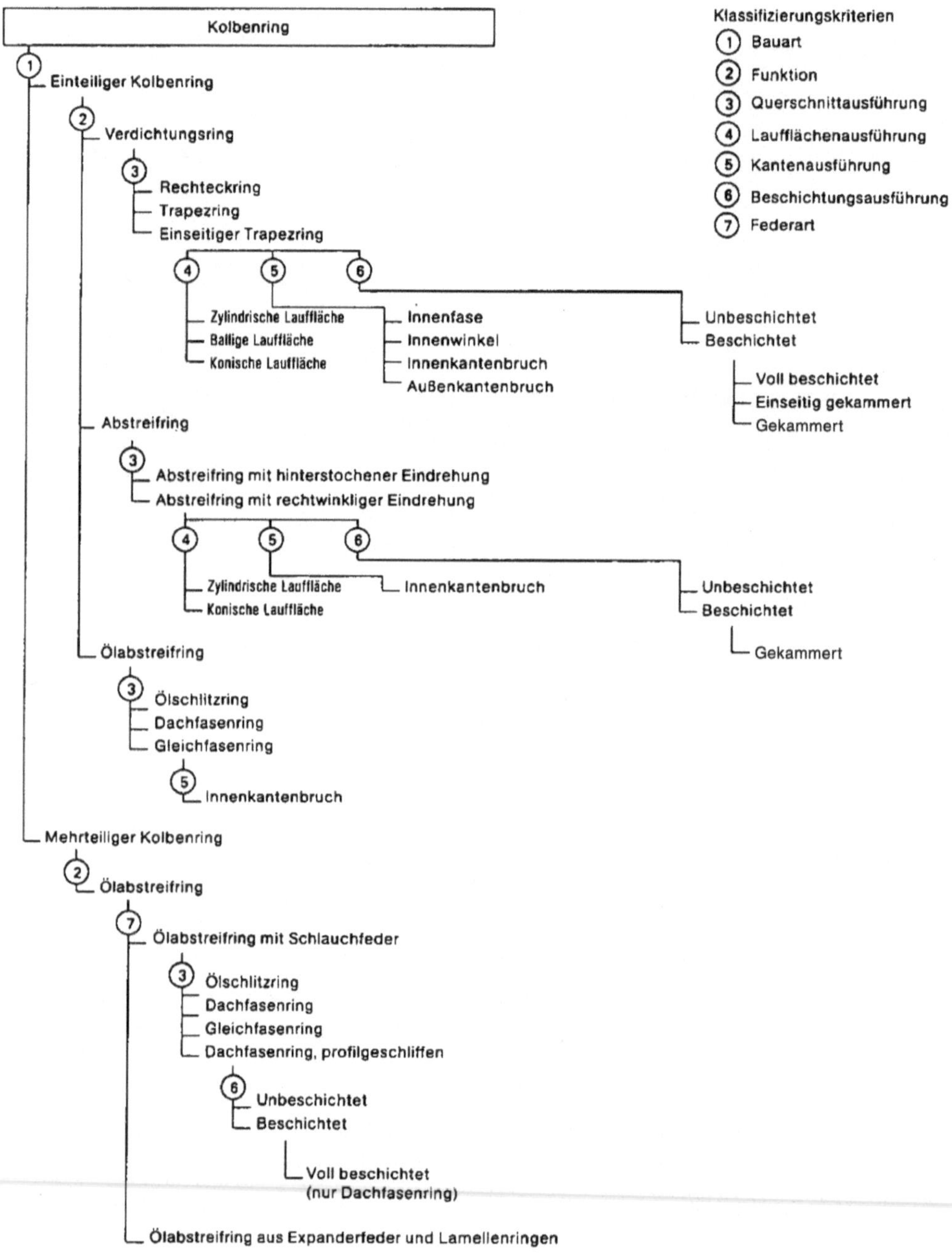

Bild 1.4: Klassifizierung von Kolbenringen nach DIN ISO 6621 Teil 1, Abschnitt 4, S. 13

ausgeführt werden (siehe Abschnitt 1.4.6). Asymmetrische Profile können zu einer Reduzierung des radialen Verschleißes bzw. einer Verbesserung des Ölverbrauchs führen.

Selbst wenn die Rechtwinkligkeit der Kolbenringnut kleine Abweichungen aufweist, bleibt der Kolbenring immer noch in seiner Berührungslinie mit der Zylinderlauffläche. Wenn der Kolbenring am Ende des Hubs seine Richtung wechselt, bleibt der Kontakt zwischen der Lauffläche des Kolbenrings und des Zylinders erhalten. Ballige Kolbenringe verursachen geringeren Verschleiß im Bereich der Zylinderlauffläche, wo der erste Kolbenring seine Laufrichtung ändert. Der ballige Kolbenring kann mit einer Innenfase an der Oberkante versehen werden, um eine positive Verdrehung (auch positiver Twist genannt, siehe **Bild 1.1**) zu erreichen. Strenge Anforderungen bezüglich des Schmierölverbrauchs haben jedoch dazu geführt, dass der erste Kolbenring jetzt auch einen Anteil am Ölabstreifen übernehmen muss. Im Hinblick hierauf wird die Lauffläche asymmetrisch ballig gestaltet. Durch die Asymmetrie wird die Balligkeitsmitte in Richtung der unteren Hälfte der Ringhöhe verschoben. Das verbessert den Motoreinlauf und die Ölregelung.

Der zweite Kolbenring hat je nach Ausführung eine Doppelfunktion: Er soll einerseits gegen den Gasdruck abdichten, andererseits Öl von der Zylinderwand abstreifen und abführen, wobei jedoch eine ausreichende Schmierung des ersten Kolbenrings sichergestellt sein muss. Der zweite Kolbenring wird wegen seiner Zusatzaufgabe als Ölabstreifring auf seine Abstreifwirkung hin konstruktiv verstärkt gestaltet. Seine Wirksamkeit beruht auf dem Anpressdruck, der Form der Abstreiffläche (Steg) und der Art der Abfuhr des abgestreiften Öls. Das verlangt ein gutes Formfüllungsvermögen, d. h. die Fähigkeit, sich möglichst verzögerungsfrei der sich laufend ändernden Zylinderverformung anzupassen und dabei den nötigen Anpressdruck an die Zylinderwand aufrechtzuerhalten. Reibung und Verschleiß sollen minimal gehalten werden.

1.4.1 Rechteckring

Die Grundform des ersten Kolbenrings ist der Rechteckring mit zylindrischer Lauffläche, auch R-Ring genannt (**Bild 1.5**). Seine Aufgabe ist das Abdichten gegen den Gasdruck im Brennraum. Rechteckringe werden für normale Betriebsverhältnisse und vorwiegend in Ottomotoren als erster Kolbenring eingesetzt.

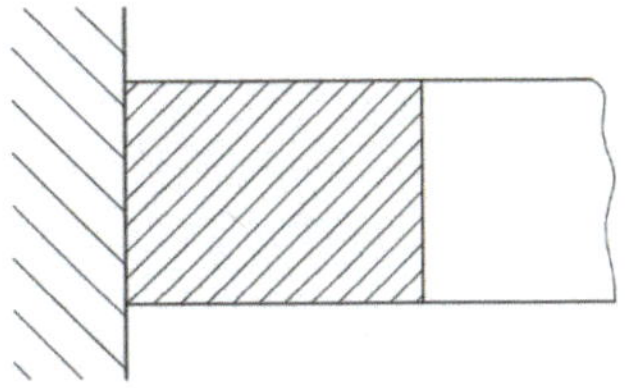

Bild 1.5: R-Ring

1.4.2 Rechteckring mit konischer Lauffläche

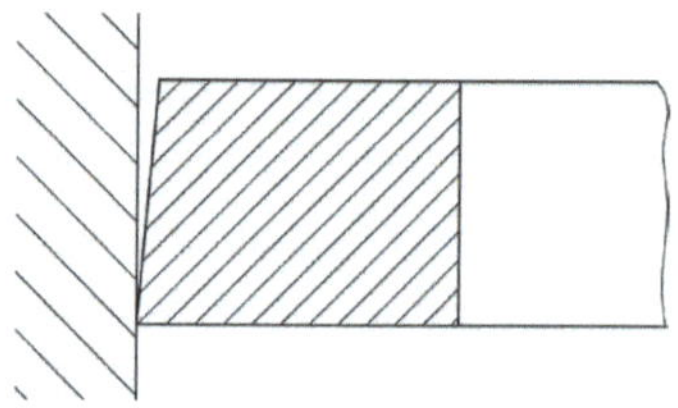

Bild 1.6: M-Ring

Eine leichte Abschrägung (Konizität) der Außenfläche des Kolbenrings steigert seine Wirkung. Der Kontakt zwischen Kolbenring und Zylinderwand verringert sich zu einer schmalen Linie. Dieser Linienkontakt erhöht den Anpressdruck des Kolbenrings auf die Zylinderlaufbahn und sorgt dafür, dass der Kontakt mit der Laufbahn, auch wenn der Zylinder verformt ist, aufrechterhalten bleibt. Die Einlaufphase wird hierdurch verkürzt. Man erreicht damit auch eine Abstreifwirkung nach unten, was die Ölregelung der Ölabstreifringe unterstützt. Diese Ringart, auch Minutenring oder M-Ring genannt, wird typischerweise als zweiter Kolbenring eingesetzt (**Bild 1.6**).

1.4.3 Kolbenring mit Innenfase oder mit Innenwinkel oben

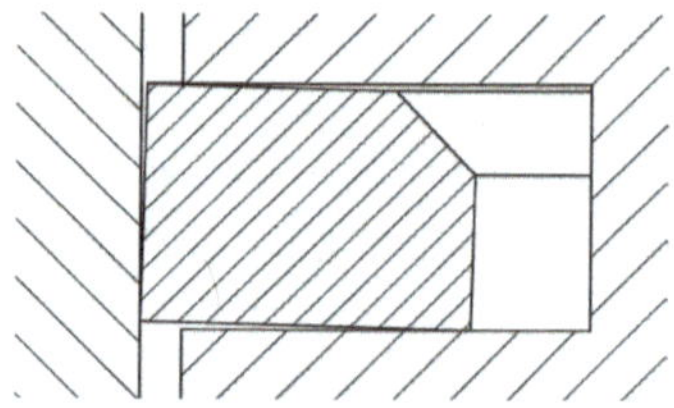

Bild 1.7: R-Ring mit IF oben

Durch eine Fase an der oberen Innenseite des Kolbenrings (Innenfase IF) werden die Kräfte des Kolbenrings derart beeinflusst, dass sein Querschnitt durch das Zusammendrücken beim Einbau des Kolbens in den Zylinder um seine Achse kippt.

Diese Verdrehung (Twist, d.h. eine winklige Position des Kolbenrings im gespannten Zustand) sorgt für eine linienförmige Abdichtung der Ölabstreifkante unten an der Zylinderlauffläche sowie zwischen Kolbenringflanke und Kolbennutflanke. Letztere verringert den Durchgang von Verbrennungsgasen wie auch von Motoröl. Bei der oberen Lage der Innenfase spricht man von positivem Twist. Auch Minutenringe (zweiter Ring) können mit positivem Twist versehen werden. In der Vergangenheit wurde dieses Design als Maßnahme zur weiteren Reduzierung von Blow-by angewandt.

Kolbenringe dieser Bauart, auch R-Ring mit IF oben genannt, werden sowohl als erster wie auch als zweiter Kolbenring eingesetzt (**Bild 1.7**).

1.4.4 Kolbenring mit Innenfase oder mit Innenwinkel unten

Im Gegensatz zu Abschnitt 1.4.3 bewirkt die Verlegung der Innenfase nach unten einen negativen Twist. Diese Kolbenringe mit Innenfase (IF) unten, genannt auch M-Ring mit IF unten, bewirken eine Anlage unten am Zylinder und oben innen an der Nutflanke (**Bild 1.8**). Solche Kolbenringe werden bevorzugt in die zweite Kolbenringnut eingebaut und gehören zur Gruppe der Ölabstreifringe. Im Hinblick auf die Ölabstreifwirkung ist eine Anlage des unteren Teils der Ringlauffläche an der Zylinderlauffläche wünschenswert. Man verwendet deshalb Ölabstreifringe mit starker Konizität, um den Twist auszugleichen. Der negativ getwistete Kolbenring dichtet durch seine linienförmige Anlage unten an der Zylinderlauffläche gut und verhindert das Eintreten von Öl in die Kolbenringnut. Das ist insbesondere bei niedrigen Drücken im Verbrennungsraum wichtig, wie sie bei Drosselung des Gemisches in Ottomotoren oder beim Ladungswechsel auftreten. Darüber hinaus kann mit einem negativ getwisteten zweiten Ring eine kontrollierte axiale Bewegung hervorgerufen werden, um die Druckverhältnisse in der zweiten Nut und damit die Öltransportmechanismen zu steuern. Die bessere Ölregelung des negativen Twists beim zweiten Kolbenring geht zu Lasten einer geringfügig höheren Durchblasmenge (Blow-by). Die bei Volllast hohen Gasdrücke verformen beide Arten von getwisteten Kolbenringen so, dass sie beinahe flach auf der unteren Nutflanke aufliegen. Bei Teillast verformen sich die Kolbenringe weniger, sodass ihr Verhalten eine bessere Wirkung zeigt.

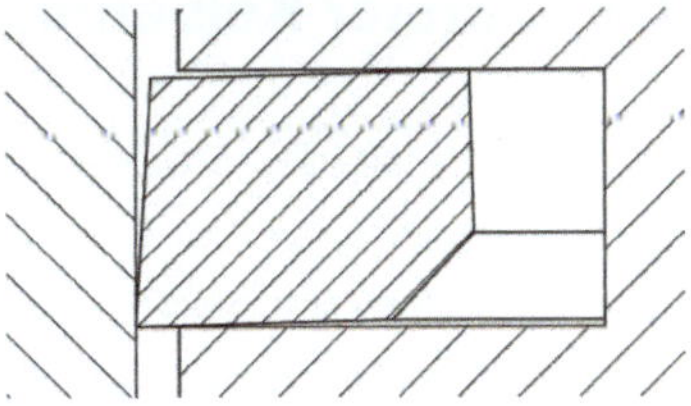

Bild 1.8: M-Ring mit IF unten

1.4.5 Trapezring

Man unterscheidet ein- und doppelseitige Trapezringe. Bei dem einseitigen Trapezring, auch ET-Ring genannt, ist nur eine Seite, beim doppelseitigen Trapezring, auch T-Ring genannt, sind beide Seiten konisch ausgebildet (**Bild 1.9**).

Diese Kolbenringgeometrien verringern den Ölkohleansatz in der Kolbenringnut. Durch die radiale Bewegung des Kolbenrings in der Kolbenringnut wird diese von der Ölkohle frei gearbeitet. Trapezringe beider Bauarten werden hauptsächlich als erster Kolbenring für Nfz-Dieselanwendungen verwendet.

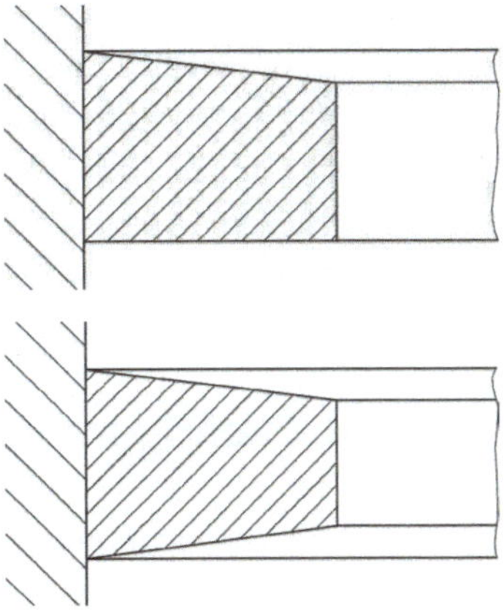

Bild 1.9: ET-Ring (oben) und T-Ring (unten)

1.4.6 Erster Kolbenring mit balliger Oberfläche

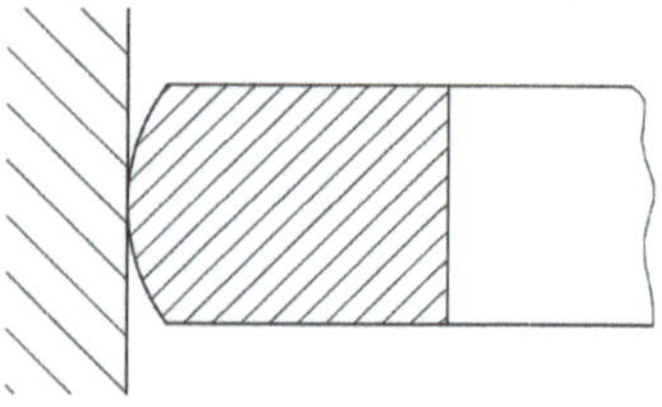

Bild 1.10: R-Ring B

In der Frühzeit der Motorentechnik glaubte man, der erste Kolbenring dichte umso besser, je genauer er der geometrischen Rechteckform entsprach. Trotz großer Bemühungen um eine möglichst maßgetreue Fertigung wurde das Betriebsverhalten des ersten Kolbenrings nicht besser, sondern eher schlechter. Die Praxis zeigte, dass sich das Dichtverhalten des ersten Kolbenrings im Laufe der Zeit verbesserte, wenn sich die scharfen Rechteckkanten abgelaufen hatten. So begann man diesen Verschleißzustand vorwegzunehmen, erst durch Anfasen, dann durch eine ballige Lauffläche.

Mit der Balligkeit werden bessere hydrodynamische Schmierverhältnisse und aufgrund der axial kürzeren Anlagefläche an der Zylinderlauffläche eine bessere Abdichtung erreicht. Auch die negativen Auswirkungen von Verformungen des Zylinders im Motorbetrieb lassen sich dadurch besser kompensieren. Kolbenringe dieser Bauart, auch R-Ring B genannt, werden als erster Kolbenring verwendet (**Bild 1.10**).

1.4.7 Nasenring mit konischer Lauffläche

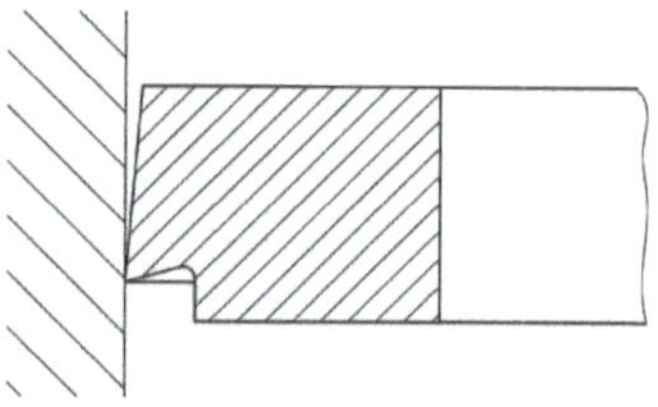

Bild 1.11: NM-Ring

Durch eine konische Lauffläche wird die Einlaufzeit des Nasenminutenrings verkürzt und dessen Abstreifwirkung verstärkt. Der Haken des Nasenminutenrings dient als Ölreservoir für abgestreiftes Öl und vermeidet einen Eintrag in die Ringnut. Diese Konstruktionsart, auch NM-Ring genannt, kommt als zweiter Kolbenring zur Anwendung (**Bild 1.11**).

1.4.8 Stoßkonfiguration

Der Stoß der Kolbenringe ist meistens gerade gestaltet. In Motoren für besondere Anforderungen werden auch andere Stoßarten eingesetzt.

Bei Zweitakt- und Boxermotoren, in denen eine Drehung der Kolbenringe unerwünscht ist, wird eine Innen- oder Flankenaussparung an den Ringenden eingearbeitet, wo sich ein Sicherungsstift im Kolben befindet. Dadurch wird der Kolbenring in seiner Lage im Kolben fixiert, was beim Zweitaktmotor Schäden an Einlass- und Auslassschlitzen wie auch an den Ringenden verhindert (**Bild 1.12**). Beim Boxermotor wird dadurch verhindert, dass sich alle Ringstöße

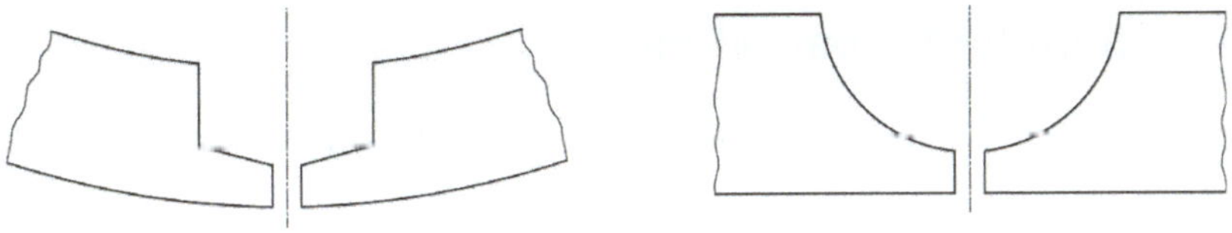

Bild 1.12: Flankenaussparung (links) und Innenaussparung (rechts)

an der gleichen Stelle am Umfang des Kolbens befinden und so beispielsweise überhöhtes Blow-by auftritt.

Ringe, die drehende Wellen abdichten sollen und bei denen die Kolbenringflanke als Dichtelement wirkt, werden mit überlappendem Stoß (nur bei unbeschichteten Kolbenringen) ausgeführt (**Bild 1.13**). Eine weitere Alternative stellt der Kolbenring mit verhaktem Stoß dar (nur bei unbeschichteten Kolbenringen).

Bild 1.13: Überlappender Stoß (links) und verhakter Stoß (rechts)

Bei hoher Durchblasmenge setzt man in der zweiten Kolbenringnut einen Nasenminutenring (siehe Abschnitt 1.4.7) mit einer Unterbrechung der Eindrehung ein. Mit der Unterbrechung der Eindrehung am Stoß lässt sich der Durchgang von Verbrennungsgasen verringern.

1.4.9 Ölschlitzring

Der Ölschlitzring ist ein einteiliger Ring und liegt mit zwei Laufstegen an der Zylinderlauffläche an. Im Mittelsteg zwischen den beiden Stegen sind Durchtritte eingefräst, welche als Öldrainage dienen und für ein gutes Formfüllungsvermögen des Rings sorgen. Durch die insgesamt kleinere Anlagefläche (Laufstegbreite) erhöht sich der Anpressdruck an die Zylinderlauffläche. Dies ist notwendig, da sich hinter dem Ölschlitzring kein Gasdruck aufbauen kann. Der Anpressdruck der Ölabstreifringe rührt also von ihrer Eigenspannung her. Durch weiteres Verkleinern der Laufstegfläche entstanden der Dachfasenring (D-Ring) mit Anfasung der Laufstege und der Gleichfasenring mit gleichgerichteter Anfasung der Laufstege (G-Ring) (siehe Abschnitt 1.4.10.1, hier jedoch mit Schlauchfedern). Diese einteiligen Kolbenringe werden in der dritten Kolbenringnut verwendet, kommen allerdings selten in Erstausrüster-Anwendungen zum Einsatz, wo hauptsächlich federgespannte Designs zu finden sind.

1.4.10 Federgespannter Ölabstreifring

1.4.10.1 Ölabstreifring mit Schlauchfeder

Zur Verbesserung des Formfüllungsvermögens und zur homogenen Verteilung des Anpressdrucks werden diese Ölabstreifringe auf der Ringinnenseite mit einer zylindrischen Feder (Schlauchfeder) vorgespannt (SSF-Ring). Die Enden der Feder stützen sich aufeinander ab (**Bild 1.14**).

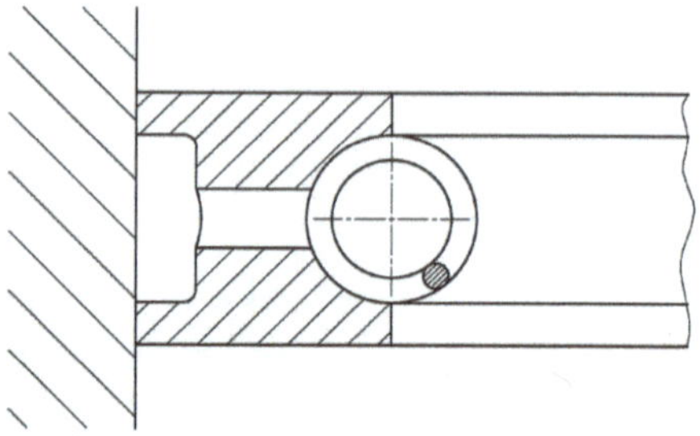

Bild 1.14: SSF-Ring

Infolge ihrer flachen Kennlinie verändert sich die Federvorspannung auch nach längeren Betriebszeiten kaum. Mit schmalen (axial niedrigen) Kolbenringen will man ein besseres Formfüllungsvermögen erreichen. Kleinere Kolbenringhöhen wirken sich direkt auf die Kompressionshöhe und somit auf das Kolbengewicht mit allen damit verbundenen Vorteilen aus. Typische Höhen von Ölabstreifringen für Dieselanwendungen bewegen sich zwischen 2,0 und 3,5 mm, abhängig von der Applikation (Pkw, Nfz). Wie bei federlosen Kolbenringen gibt es auch hier einen Dachfasenring mit Schlauchfeder (DSF-Ring) und den Gleichfasenring mit Feder (GSF-Ring) (**Bild 1.15**).

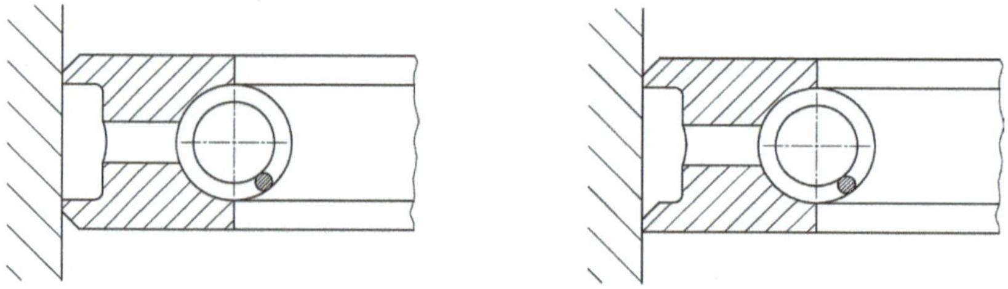

Bild 1.15: DSF-Ring (links) und GSF-Ring (rechts)

In den meisten Ottomotoren werden dreiteilige Ölabstreifringe hauptsächlich aus Kostengründen und wegen ihrer axialen Abdichtungsfähigkeit im Teillastbereich verwendet. Dieselmotoren erfordern dagegen im Hinblick auf die geforderte Laufleistung eine höhere Lebensdauer, die man normalerweise mit zweiteiligen Ölabstreifringen besser erreichen kann.
Eines der wichtigsten Ölabstreifringmerkmale ist die spezifische Flächenpressung. Überschlägig betrachtet ist der Schmierölverbrauch umso niedriger, je höher die spezifische Flächenpressung ist (bedingt durch die bessere Ölabstreifwirkung). Um den Schmierölverbrauch während des Motoreinlaufs zu verringern, kann an den beiden Stegen ein Konus angebracht

werden. Die abgeschrägte Lauffläche reduziert den Kontaktbereich mit der Zylinderlauffläche und liefert dadurch einen höheren Anpressdruck beim Einlauf, der den normalerweise höheren Schmierölverbrauch in diesem Stadium reduziert. Nach einer gewissen Laufzeit haben sich die abgeschrägten Profile abgearbeitet und nehmen eine zylindrische Form an.

I-förmiger Ölabstreifring (I-shaped)

Der I-förmige Ölabstreifring ist ein zweiteiliges Design und verwendet Stahl als Grundwerkstoff (**Bild 1.16**). Im Gegensatz zu den Ölabstreifringen aus Gusseisen werden diese Ringe aus Stahldraht mit I-förmigem Querschnitt hergestellt. Dieser wird gerollt, in entsprechender Form abgelängt und anschließend endbearbeitet. Um die Verschleißfestigkeit zu erhöhen, werden die I-förmigen Ölabstreifringe gewöhnlich abschließend nitriert.

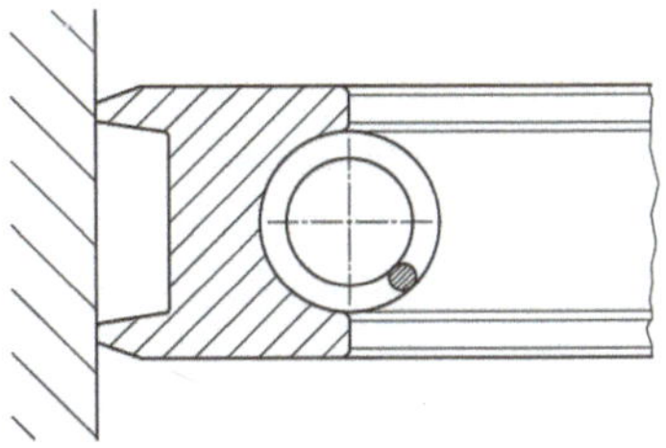

Bild 1.16: I-förmiger Ölabstreifring aus Stahl

I-förmige Ölabstreifringe werden besonders für schnell laufende Dieselmotoren sowie bei hochbelasteten Dieselmotoren empfohlen, von denen im Nutzfahrzeug mindestens eine Million Kilometer verlangt werden. In besonderen Fällen werden sie auch in Hochleistungs-Ottomotoren eingesetzt. Auch diese Kolbenringkonstruktion wird in der dritten Kolbenringnut als Ölabstreifring verwendet.

Ein Schritt zur Reduzierung der Tangentialkraft und damit der Reibleistung bei zweiteiligen Ölabstreifringen unter Beibehaltung einer angemessenen Ölabstreifwirkung, war in den letzten Jahren die Entwicklung neuer Stegkonstruktionen, welche zu einer weiteren Reduzierung der Stegbreite führten. Beispiele hierfür sind die MAHLE X-Taper- oder V-Shape-Konstruktionen, welche eine niedrige Stegbreite (unter 0,15 mm) mit einem großen Konuswinkel zur Reduzierung des Verschleißeinflusses kombinieren (**Bild 1.17**).

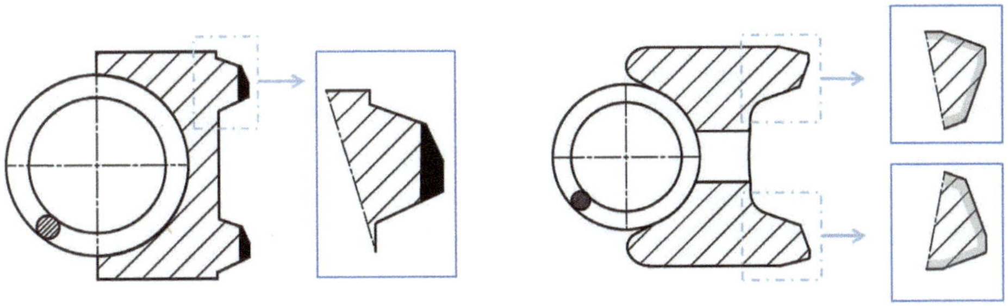

Bild 1.17: X-Taper-Design (links) und V-Shape-Design (rechts) für reibleistungsoptimierte Ölabstreifringe

1.4.10.2 Dreiteiliger Ölabstreifring (Lamellenring)

Dreiteiliger Stahlring (3-S-Ring)

Er besteht aus zwei Stahllamellen, die von einer Distanzfeder in Position gehalten und radial vorgespannt werden. Üblicherweise sind die Lamellen zum Schutz vor Verschleiß an der Lauffläche beschichtet (z. B. verchromt, nitriert oder PVD-beschichtet). Die Feder ist ein Teil der tragenden Kolbenringkonstruktion (**Bild 1.18**).

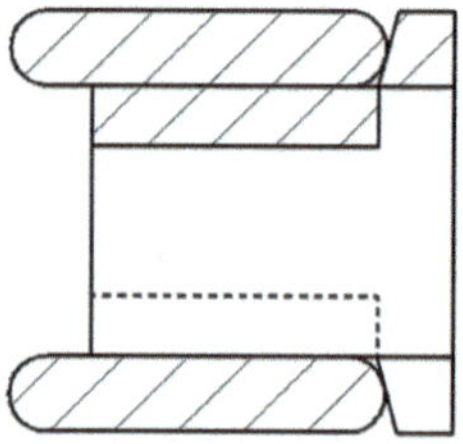

Bild 1.18: 3-S-Ring

Das Abstreifen des Ölüberschusses von der Zylinderlauffläche erfolgt durch die Lamellen. Es gibt verschiedene Arten von dreiteiligen Ölabstreifringen. Ihr Funktionsprinzip ist im Wesentlichen gleich, d. h. zwei Stahllamellen werden mittels eines Expanders gegen die Zylinderwand gepresst. Diese Expander unterschiedlicher Form haben folgende Aufgaben zu erfüllen: Sie sollen die Lamellen sowohl gegen die Zylinderlauffläche als auch gegen die Flanken drücken und damit abdichten. Zwischen den beiden Lamellen anfallendes Öl wird ins Kurbelgehäuse zurückgeführt.

So wird der Öldurchgang aus der Kolbenringnut in den Brennraum reduziert. Außerdem kann das zwischen den Lamellen angesammelte Öl durch Schlitze in das Kolbeninnere gelangen.

Solche Kolbenringe werden bevorzugt in Ottomotoren als dritte Kolbenringe eingesetzt. Zum einen hauptsächlich aus Kostengründen, zum anderen wegen der Ölverbrauchsvorteile im Teillastbereich durch die gute laterale (axiale) Abdichtung der Kolbenringnut mit den Lamellen.

1.4.11 U-Flex-Ring

Der U-Flex-Ring ist ein einteiliger, geschlossener Ring, dessen Enden sich berühren. Der Ring wird aus elastischem Federblech gefertigt. Dieses wird gestanzt und anschließend in eine U-Form gebogen und gewickelt. (**Bild 1.19**). Der U-Flex-Ring wird in der Regel zur Montage mit einer Schlauchfeder eingebaut.

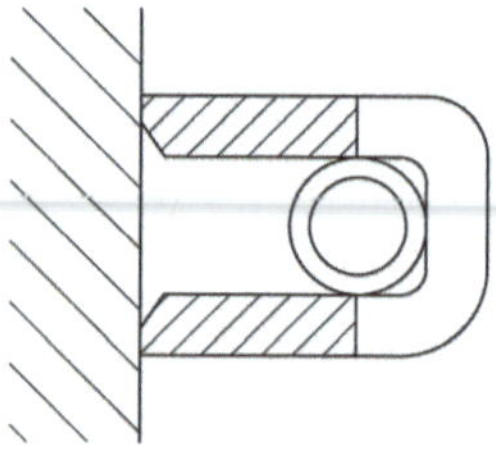

Bild 1.19: U-Flex-Ring

Seine besondere Gestaltung und Herstellung verleiht dem U-Flex-Ring sehr günstige Eigenschaften bezüglich des Formfüllungsvermögens, bei guter Ölregulierung und niedrigen Tangentialkräften und somit niedriger Reibung. Durch das gute Formfüllungsvermögen eignet sich der U-Flex-Ring sehr gut für Motoren mit Bohrungsverformungen höherer Ordnung.

Der U-Flex-Ring findet heute Verwendung sowohl in Otto- als auch in schnell laufenden Dieselmotoren.

1.5 Konstruktive Einzelheiten

1.5.1 Berechnung und Simulation

1.5.1.1 Numerische Berechnung

Bei der Konstruktion neuer Kolbenringe und beim Erstellen von Konstruktions- und Produktionszeichnungen greift man auf Datenbanken zurück, in denen alle wichtigen Maße und Eigenschaften gesammelt und gespeichert sind. Auf der Grundlage dieser Dateien, die laufend aktualisiert werden, werden die Kolbenringe direkt, vom Rechner gesteuert, gezeichnet (CAE). Kolbenringzeichnungen enthalten neben den Abmessungen auch einige Funktionsmerkmale, wie spezifische Flächenpressung, Tangentialkraft und Querschnitt des Kolbenrings.

1.5.1.2 Spannungsuntersuchung

Am stärksten belastet werden Kolbenringe beim Einbau, wenn sie über den Kolben gestreift werden. Die Einbauspannung während der für die Montage notwendigen Aufweitung (S_a) und die Spannung, die im montierten Zustand im Zylinder auftritt (S_w), können folgendermaßen berechnet werden:

$$S_w = \frac{8}{3 \cdot \pi} \cdot \frac{E \cdot t_y \cdot (m - s_1)}{(d1 - a_1)^2}$$
$$S_a = \frac{8}{3 \cdot \pi} \cdot \frac{E \cdot (a_1 - t_y) \cdot (m_1 - m)}{(d1 - a_1)^2} \qquad (1\text{-}1)$$

S_w : Spannung im eingebauten Zustand
S_a : Einbauspannung (Aufweitung zur Montage)
E : Elastizitätsmodul des Kolbenringwerkstoffs
t_y : Radialer Abstand der neutralen Faser zur Ringlauffläche
m : Maulweite im entspannten Zustand
s_1 : Stoßspiel im Einbauzustand
d_1 : Nenndurchmesser der Zylinderlaufbuchse
a_1 : Radialmaß des Kolbenrings
m_1 : Montageöffnung (normalerweise gilt $m_1 = 9 \cdot a_1$)

Bei komplexen Kolbenringquerschnitten, z.B. bei zweiteiligen Ölabstreifringen, werden die Spannungen üblicherweise mit Finite-Elemente-Berechnungen ermittelt.

1.5.1.3 Dynamische Untersuchung

Mit einer numerischen Simulation ist es möglich, das Zusammenspiel von Kolbenringen, Kolben und Zylinder zu untersuchen. So kann das Kolbenringpaket hinsichtlich Blow-by und Verringerung des Schmierölverbrauchs optimiert werden. Solche Berechnungen setzen sich zusammen aus der

- thermischen FE-Berechnung des Zylinders,
- thermischen FE-Berechnung des Kolbens,
- Berechnung der Kolben- und Kolbenringdynamik,
- Simulation des Motorzyklus.

1.5.1.4 Formfüllungsvermögen

Im Lauf eines Arbeitsspiels ändert sich der Wärmefluss, was hohe Temperaturgradienten im Kolben und der Zylinderlaufbuchse zur Folge hat. Zusammen mit dem Zünddruck im Verbrennungsraum und den montagebedingten Spannungen im Motorblock führt dies zu unterschiedlichen Verzügen der Zylinderlauffläche. Der Kolbenring muss sich diesen Verformungen anpassen, um Durchblasmenge (Blow-by) und Ölverbrauch niedrig zu halten.

Die Fähigkeit eines Rings zur Kompensation von Deformationen kann indirekt und in vereinfachter Form durch den Koeffizienten k ausgedrückt werden.

$$k = \frac{F_t \cdot (d_1 - 2 \cdot t_y)^2}{4 \cdot E \cdot I} \tag{1-2}$$

k : Koeffizient der Formfüllung
F_t : Tangentialkraft des Kolbenrings
I : Axiales Trägheitsmoment des Kolbenringquerschnitts

Je höhere Werte der Koeffizient k annimmt, desto besser ist das Formfüllungsvermögen des Kolbenrings. Die Fähigkeit eines Kolbenrings, sich an der Zylinderlauffläche anzulegen, kann nach Tomanik wie folgt abgeschätzt werden:

$$U_{max} = \frac{k \cdot d_1}{10 \cdot (i^2 - 1)} \tag{1-3}$$

U_{max} : Maximale Zylinderdeformation, der sich der Kolbenring anpassen kann
i : Ordnung der Deformation (i = 1, 2, 3...)

1.5.1.5 Spezifische Flächenpressung

Einer der wichtigsten Parameter ist die spezifische Flächenpressung. Das gilt besonders für Ölabstreifringe. Die spezifische Flächenpressung P_0 des Kolbenrings ergibt sich aus:

$$P_0 = \frac{2 \cdot F_t}{d_1 \cdot h_1} \tag{1-4}$$

P_0 : Spezifische Flächenpressung
h_1 : Höhe des Kolbenrings

Auf dem ersten und zu einem geringeren Teil auf dem zweiten Kolbenring lastet der hohe Zünddruck, der sich aber während des Arbeitsspiels abbaut. Bei Ölabstreifringen wird die Ringhöhe durch die zweifache Steghöhe (zweiteiliger Ölabstreifring) oder durch die zweifache Lamellenbreite (dreiteiliger Ölabstreifring) ersetzt.

1.5.1.6 Ovalität

Unter der Ringovalität versteht man die maximale Änderung des in verschiedenen Richtungen gemessenen Nenndurchmessers des Kolbenrings. Sie wird durch die Subtraktion des Durchmessers in 90°- und 270°-Richtung von der Richtung des gespannten Zustands bestimmt.

1.5.1.7 Konstruktionsrichtlinien

Kolbenringe sind bezüglich ihrer Abmessungen und Eigenschaften genormt. Dennoch ist häufig eine Anpassung der Kolbenringkonstruktion an die jeweiligen Einbau- und Einsatzbedingungen nötig.

1.6 Werkstoffe, Beschichtung und Oberflächenbehandlung

1.6.1 Werkstoffe

MAHLE verfügt über ein vollständiges Programm von Kolbenringen aus Grauguss, legiertem Gusseisen und Sphäroguss, die mit modernster Gießereitechnik hergestellt werden. Kohlenstoff- und Edelstahldraht werden von weltweit führenden Lieferanten bezogen. Die wesentlichen Kriterien für die Werkstoffwahl sind Kosteneffektivität und Motorspezifikationen.

1.6.1.1 Gusseisen

Viele Jahre lang war lamellares Gusseisen mit niedrigen Legierungselementgehalten – jedoch reich an Grafit – der geeignete Kolbenringwerkstoff. Die vorhandene Verschleißfestigkeit, gute Laufeigenschaften, eine für diesen Zweck angemessene mechanische Stabilität sowie eine günstige Verträglichkeit mit den Zylinderlaufbuchsen- und Kolbenwerkstoffen machten es zum optimalen Werkstoff für Kolbenringe.

Gusseisen wurde lange Zeit im Einzel- und Doppelgießverfahren hergestellt, welche dem Werkstoff eine attraktive „A-artige“ Grafitstruktur geben. Durch den Fortschritt in der Motorenentwicklung wurden aufwendigere Kolbenringwerkstoffe mit verbesserter mechanischer Festigkeit und Verschleißfestigkeit unverzichtbar. Systematische Entwicklungen führten in diesem Bereich zu neuen legierten Grauguss- und Sphärogusseisen.

MAHLE produziert diese Werkstoffe in eigenen Gießereien mit modernen Schmelzöfen, in denen die Schmelzparameter streng kontrolliert werden, wodurch die Herstellung einer breiten Vielfalt erstklassiger Gusseisensorten möglich ist.

Der Standardwerkstoff MF 013 (perlitisches lamellares Gusseisen, MC 13 nach ISO) wird für Ölabstreifringe in Otto- und Dieselmotoren verwendet. Gewöhnlich ist die Kolbenringlauffläche mit Chrom oder einem anderen geeigneten Werkstoff beschichtet. Das perlitische Grundgefüge des Werkstoffs und die gleichmäßig ausgebildete lamellare Grafitstruktur sind ausgezeichnete Eigenschaften bei einem Werkstoff für Kolbenringe, welche bei unbeschichteten Ölabstreifringen von Ottomotoren den Verschleiß auf einem niedrigen Niveau halten.

In speziellen Fällen, in denen eine höhere Verschleißfestigkeit notwendig ist, wird empfohlen, einen legierten Werkstoff wie MF 025 (MC 25 nach ISO) zu verwenden. Für Anwendungen mit noch höheren Anforderungen kann der Werkstoff MF 032 (MC 32 nach ISO) zum Einsatz kommen.

Legierte Gusseisensorten werden wärmebehandelt, damit sie ihre mechanischen Eigenschaften entwickeln. Das resultierende Gefüge ist vorwiegend martensitisch.

Die mechanischen Eigenschaften des Sphärogusseisens MF 053 (MS 53 nach ISO) liegen zwischen Grauguss und Stahl, obwohl seine Selbstschmierungseigenschaften nicht so gut sind wie die von Grauguss. Dieser Werkstoff wird bei beschichteten oder unbeschichteten Kompressions- und Ölabstreifringen vorgeschlagen, wo die geforderte Festigkeit die von lamellarem Gusseisen übersteigt.

Bei Anwendungen, die eine höhere Verschleißfestigkeit in Verbindung mit der hohen mechanischen Festigkeit von Sphärogusseisen erfordern, wird der Werkstoff MF 056 (Sphärogusseisen mit Niob legiert, MC 56 nach ISO) empfohlen.

1.6.1.2 Stahl

Stahl kann eingesetzt werden, um eine Vielzahl von Kolbenringarten herzustellen, vom ersten bis zum dritten Kolbenring. Es kann sich dabei um beschichtete oder nitrierte Kolbenringe, Expander und Lamellen von dreiteiligen Ölringen sowie I-förmige Kolbenringe und Federn von zweiteiligen Ölringen handeln. Stahl wird wegen seiner hohen mechanischen Festigkeit und Dauerfestigkeit, der Hitzebeständigkeit und guten Korrosionsbeständigkeit anstelle von Grauguss eingesetzt. Stahlringe werden normalerweise beschichtet und/oder nitriert.

1.6.2 Beschichtungen und Oberflächenbehandlungen

MAHLE Kolbenringbeschichtungen und Oberflächenbehandlungen liefern eine verbesserte Verschleißfestigkeit und Fresssicherheit zusammen mit niedrigem Zylinderverschleiß und günstigen Schmierungseigenschaften, dabei kommen auch nanotechnische Verfahren zum Einsatz. Nitrierter Stahl und Gusseisen, Beschichtungen auf Chrombasis, wie Hartchrom und Chrom-Keramik, plasmagesprühtes Molybdän, plasmagesprühtes Cermet, Beschichtungen durch Hochgeschwindigkeitsflammspritzen (High Velocity Oxygen Fuel, HVOF) und physikalische Dampfphasenabscheidung (Physical Vapour Deposition, PVD) erfüllen anspruchsvollste Dauer- und Einlaufanforderungen. Die Auswahl einer geeigneten Beschichtung hängt unter anderem von der Motortechnologie, der Applikation, den tribologischen Anforderungen und nicht zuletzt den Kosten ab.

Oberflächenschutzschichten und -behandlungen, die eine gute Oxidationsbeständigkeit gewährleisten sollen, wie Verzinnen, Brünieren, Ferroxidieren und Phosphatieren, stehen für spezifische Einsätze zur Verfügung.

1.6.2.1 Grauguss als Grundwerkstoff

MF 012

Perlitischer Grauguss
Legierungselemente: Cr, Cu
ISO 6621-3: Unterklasse 12
Zweiter Kolbenring und zweiteilige Ölabstreifringe
Biegefestigkeit: min. 380 MPa
Härte: 95 bis 108 HRB

MF 013

Perlitischer Grauguss
Legierungselemente: Cr, Cu
ISO 6621-3: Unterklasse 13
Standardwerkstoff für Kompressions- und Ölabstreifringe in Otto- und Dieselmotoren
Biegefestigkeit: min. 420 MPa
Härte: 97 bis 108 HRB

MF 025
Martensitisch legierter Grauguss
Hohe Verschleißfestigkeit
Legierungselemente: Mo, Nb, V, W
ISO 6621-3: Unterklasse 25
Hohe Bruchfestigkeit mit guter Verschleißfestigkeit für zweite Kompressionsringe in Otto- und Dieselmotoren
Biegefestigkeit: min. 650 MPa
Härte: 37 bis 45 HRC

MF 032
Martensitisch karbidischer Grauguss
Hohe Verschleißfestigkeit
Legierungselemente: Mo, Nb, V, W
ISO 6621-3: Unterklasse 32
Hohe Bruchfestigkeit mit guter Verschleißfestigkeit für zweite Kompressionsringe in Otto- und Dieselmotoren
Biegefestigkeit: min. 650 MPa
Härte: 35 bis 45 HRC

1.6.2.2 Martensitisches Sphärogusseisen als Grundwerkstoff

MF 053
Martensitischer Sphäroguss
Legierungselemente: Ni, Mo
ISO 6621-3: Unterklasse 53
Erster Kolbenring mit hoher Bruchfestigkeit und zweiteilige Ölabstreifringe mit niedriger Stegbreite in Otto- und Dieselmotoren
Biegefestigkeit: min. 1.300 MPa
Härte: 28 bis 42 HRC

MF 056
Martensitisch karbidischer Sphäroguss
Legierungselemente: Ni, Mo, Nb
ISO 6621-3: Unterklasse 56
Erster Kolbenring mit hoher Bruchfestigkeit und hoher Verschleißbeständigkeit in Otto- und Dieselmotoren
Biegefestigkeit: min. 1.300 MPa
Härte: 35 bis 45 HRC

1.6.2.3 Kohlenstoffstahl und Edelstahl

MS 068

Kohlenstoffstahl
Martensitisch wärmebehandelt
ISO 6621-3: Unterklasse 68
Grundwerkstoff für verchromte Lamellen bei dreiteiligen Ölabstreifringen in Ottomotoren
Zugfestigkeit: kein Bruch bei Biegeversuch
Härte: 68 bis 72 HR30N

MS 067

Austenitischer Edelstahl
Legierungselemente: Cr, Ni
ISO 6621-3: Unterklasse 67
Expander ES-1 (Typ 81) für dreiteilige Ölabstreifringe in Ottomotoren
Zugfestigkeit: kein Bruch bei Biegeversuch
Härte: 59 bis 67 HR30N

MS 062

Mit Chrom und Silizium legierter Stahl
ISO 6621-3: Unterklasse 62
Wärmebeständige Federn bei zweiteiligen Ölabstreifringen in Diesel- und Ottomotoren
Zugfestigkeit: 1.800 bis 2.000 MPa

MS 066

Martensitischer Edelstahl
Legierungselemente: Cr, Mo
ISO 6621-3: Unterklasse 66
Grundwerkstoff für nitrierte, verchromte oder mit Molybdän beschichtete erste Kolbenringe in Diesel- und Ottomotoren.
Zugfestigkeit: 1.125 bis 1.325 MPa
Härte: 38 bis 42 HRC

MS 064

Mit Chrom und Silizium legierter Stahl
ISO 6621-3: Unterklasse 64
Grundwerkstoff für verchromte, molybdänbeschichtete und durch Hochgeschwindigkeitsflammspritzen beschichtete erste Kolbenringe in Diesel- und Ottomotoren
Zugfestigkeit: 1.590 bis 1.960 MPa
Härte: 48 bis 54 HRC

1.6.2.4 Laufflächen- und Flankenbeschichtungen

MCR 024

Hartchrombeschichtung
Galvanisch aufgebracht
Kolbenringe in Otto- oder Dieselmotoren
Gute Verschleißfestigkeit und Fresssicherheit
Härte: min. 800 HV 0,1

MCR 236/MCR 256

Chrom-Keramik-Beschichtung mit Al_2O_3 (MCR 236) oder cBN-Partikeln (MCR 256)
Galvanisch aufgebracht
Kolbenringe in Dieselmotoren
Ausgezeichnete Verschleißfestigkeit und Fresssicherheit
Härte: 900 bis 1.200 HV 0,1

MSC 278/MSC 280

Mo + NiCr-Cermet-Legierungen
Plasmagespritzte Beschichtungen
Kolbenringe in Otto- oder Dieselmotoren
Gute Verschleißfestigkeit und hohe Fresssicherheit
Härte: min. 450 HV

MSC 380/MSC 385

HVOF-Cermet-Beschichtungen durch Hochgeschwindigkeitsflammspritzen
Bei ersten Kolbenringen in Dieselmotoren
Überlegene Verschleißfestigkeit und Fresssicherheit
Härte: min. 500 HV

MIP 230/MIP 240/MIP 290/MIP 300

Chrom-Nitridbeschichtung (MIP 230/MIP 240)
Chrom-Nitrid/Nanobium-Nitrid-Mehrschichtsystem (MIP 290)
Chrom-Carbon-Nitridbeschichtung (MIP 300, „CERAMSLIDE")
Beschichtungen durch physikalische Dampfphasenabscheidung (PVD)
Bei ersten Kolbenringen in Otto- und Dieselmotoren sowie I-förmigen Ölabstreifringen
Überlegene Verschleißfestigkeit und Fresssicherheit
Härte 1.200 bis 1.600 HV (MIP 230), 800 bis 1.200 HV (MIP 240), 1.700 bis 2.100 HV (MIP 290), 1.800 bis 2.200 HV (MIP 300)

MIP 274

Kohlenstoffbasierte Beschichtung (Diamond Like Carbon, DLC)
Beschichtung durch plasmaunterstützte chemische Gasphasenabscheidung (PACVD)

Bei ersten Kolbenringen in Otto- und Dieselmotoren
Überlegene Fresssicherheit und sehr gutes Einlaufverhalten

1.6.2.5 Nitrieren von Laufflächen

MS 065 – N
Nitrierter 10- oder 13-%-Chrom-Edelstahl
Lamellen in dreiteiligen Ölabstreifringen
Hohe Verschleißfestigkeit
ISO 6621-3: Unterklasse 65
Härte: min. 900 HV 0,050 bei 0,01 mm, min. 700 HV 0,1 bei 0,03 mm

MS 066 – N
Nitrierter 17 % Cr martensitischer Edelstahl
Erster Kolbenring bei Dieselmotoren, Ölabstreifring bei Diesel- und Ottomotoren
Hohe Verschleißfestigkeit
ISO 6621-3: Unterklasse 66
Härte: min. 900 HV 0,050 bei 0,01 mm, min. 700 HV 0,1 bei 0,03 mm

MS 067 – N
Nitrierter austenitischer Edelstahl
Expander ES-2 (Typ 81) in Ottomotoren
Ausgezeichnete Wärmebeständigkeit und niedriger Tangentialkraftverlust
ISO 6621-3: Unterklasse 67
Nitrierter Bereich: min. 0,004 mm

1.6.2.6 Oberflächenschutz

Einige Oberflächenbehandlungen können für spezielle Zwecke eingesetzt werden, z. B. für die Oxidationsbeständigkeit oder zum Schutz gegen Aufplattierung (**Tabelle 1.1**).

Tabelle 1.1: Eigenschaften und Anwendungen verschiedener Schutzschichten

MCA-Norm	Schutzschicht oder -behandlung	Nut	Eigenschaften
MPR 022	Brünieren	Ölabstreifringe und Lamellen	Oxidationsbeständigkeit
MPR 023	Manganphosphat	Erster Kolbenring und Ölabstreifringe	Oxidationsbeständigkeit
MPR 027	Zinkphosphat	Erster Kolbenring und Ölabstreifringe	Oxidationsbeständigkeit

2 Kolbenbolzen und Kolbenbolzensicherungen

2.1 Funktion des Kolbenbolzens

Der Kolbenbolzen ist das Verbindungsglied zwischen Kolben und Pleuelstange. Durch die oszillierende Bewegung des Kolbens und die Überlagerung von Gas- und Massenträgheitskräften ist er hohen Belastungen wechselnder Richtung ausgesetzt. **Bild 2.1** zeigt die Kolbenbolzenbelastung für einen Ottomotor bei Nennleistung. An den Lagerstellen des Kolbenbolzens, in der Kolbennabe und dem kleinen Pleuelauge muss die Drehbewegung der Pleuelstange zum Kolben ausgeglichen werden. Aufgrund der geringen Relativbewegungen liegen hier ungünstige Schmierverhältnisse vor.

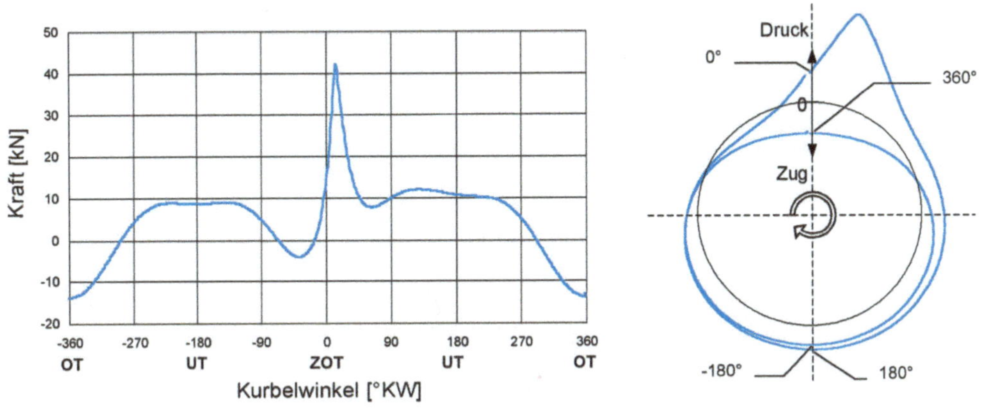

Bild 2.1: Kolbenbolzenbelastung

Bei Kolben für Pkw-Ottomotoren mit moderater spezifischer Leistung können die Kolbenbolzen durch Schrumpfspannungen im kleinen Pleuelauge fixiert werden (Klemmpleuel) (**Bild 2.2d**). Diese Konstruktion ermöglicht Einsparungen durch den Wegfall der Kolbenbolzensicherungen und der Lagerbuchse im kleinen Pleuelauge und erleichtert die automatische Montage von Kolben, Kolbenbolzen und Pleuelstange bei der Großserienfertigung von Motoren.

In hoch beanspruchten Ottomotoren und in Dieselmotoren wird der Kolbenbolzen im kleinen Pleuelauge „schwimmend" gelagert (**Bild 2.2a – c**). Er muss dabei mit Kolbenbolzensicherungen gegen seitliches Auswandern im Kolben gesichert werden (siehe Abschnitt 2.8).

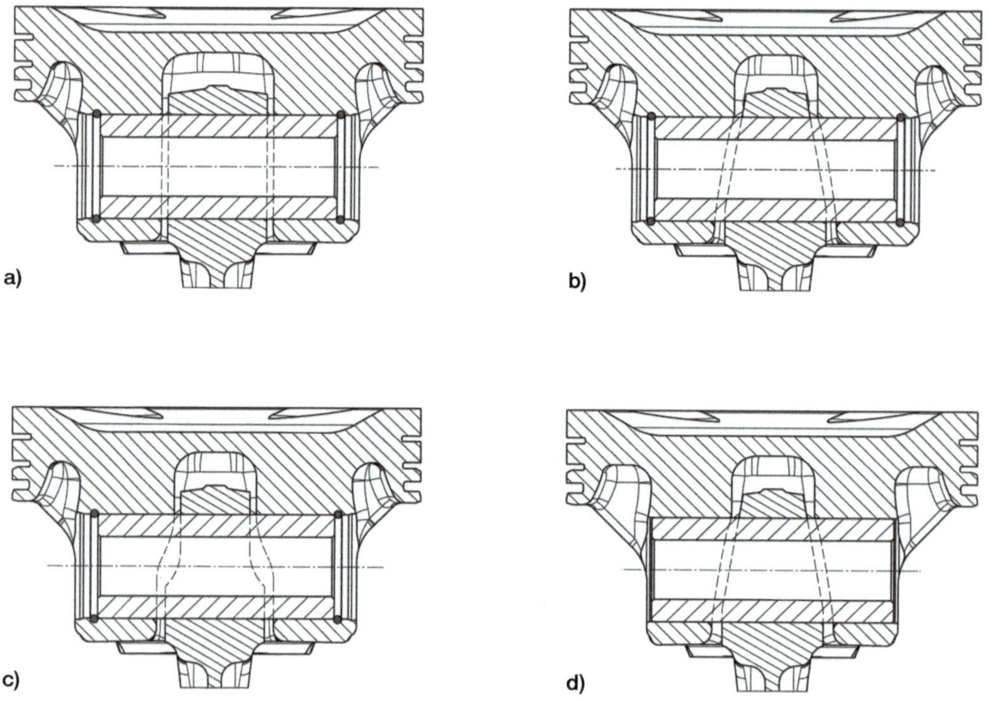

Bild 2.2: a) Schwimmende Lagerung mit Parallelabstützung, b) Schwimmende Lagerung mit Trapezabstützung, c) Schwimmende Lagerung mit Stufenabstützung, d) Klemmpleuel

Häufig wird bei Großkolben das Kühlöl durch die Pleuelstange über den Kolbenbolzen, der mit speziellen Ölleitsystemen versehen ist, zur Kolbennabe geleitet, siehe **Bilder 2.12 – 2.15**.

2.2 Anforderungen

2.2.1 Allgemein

Kolbenbolzen müssen folgenden Anforderungen genügen:

- ausreichende Festigkeit und Zähigkeit, um die Belastungen ohne Schaden zu ertragen,
- hohe Oberflächenhärte, um ein günstiges Verschleißverhalten zu erreichen,
- hohe Oberflächengüte und Formgenauigkeit für optimale Anpassung an die Gleitpartner Kolben und Pleuelstange,

- geringes Gewicht, um die Massenkräfte klein zu halten,
- die Steifigkeit ist auf die Kolbenkonstruktion abzustimmen, um Überbeanspruchungen am Kolben zu vermeiden.

Trotz dieser sich manchmal widersprechenden Anforderungen muss die Kolbenbolzenherstellung möglichst einfach und damit wirtschaftlich sein.

2.2.2 Festigkeit

Unter der Wirkung der Gas- und Massenkräfte ergeben sich Druck- bzw. Pressungsbelastungen der Kolbenbolzenoberfläche, deren Verteilung durch die von den einwirkenden Kräften hervorgerufenen Verformungen von Kolbennabenbohrungen, Kolbenbolzen und kleinem Pleuelauge bestimmt werden (siehe Abschnitt 2.4.3). Infolge dieser Druckverteilung wird der Kolbenbolzen auf Biegen, Ovalisieren und Abscheren beansprucht. Hinzu kommt noch eine Torsionsbelastung infolge der Pleuelschwenkbewegung. Sie bleibt wegen ihres geringen Anteils an der Gesamtbelastung unberücksichtigt. Demgegenüber besteht nun die Forderung, dass der Kolbenbolzen möglichst steif und leicht sein sollte.

Bild 2.3 zeigt die Spannungsverteilung am Kolbenbolzen bei Ovalisierung und verschiedenen Gefügezuständen an der Oberfläche.

Die Ovalisierung des Kolbenbolzens hat die in **Bild 2.3a** gezeigte Spannungsverteilung zur Folge. Die für die Dauerfestigkeit kritischen maximalen Zugspannungen liegen dabei innen an der Oberfläche der Bohrung. An der Innenbohrung aufgebrachte Druckeigenspannungen können diesen Zugspannungen entgegenwirken, wodurch die Dauerfestigkeit des Kolben-

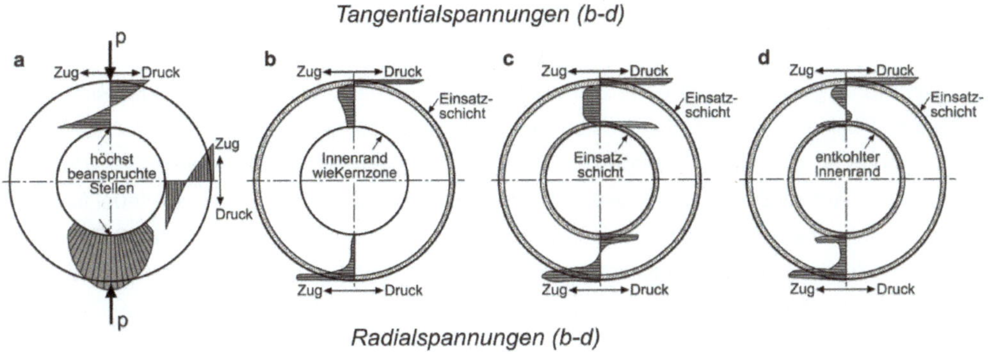

Bild 2.3: Spannungsverteilung am Kolbenbolzen
a) Wirkung bei Abplattung, b) ohne Inneneinsatz, c) mit Inneneinsatz, d) bei Randentkohlung in der Bohrung

bolzens günstig beeinflusst wird. Analog verhält es sich für den Außendurchmesser, welcher hauptsächlich durch die Biegung beansprucht wird.

Die mit dem Einsatzhärten bzw. Nitrieren der Kolbenbolzen verbundene Kohlenstoff- bzw. Stickstoffaufnahme der Oberflächenschicht hat eine Volumenvergrößerung und damit Druckeigenspannungen in der Schicht zur Folge. Die Wirkung auf den Eigenspannungszustand des Kolbenbolzens zeigen die **Bilder 2.3b – d**. Die Praxis bestätigt, dass dadurch die Dauerfestigkeit wesentlich erhöht wird.

Eine Randentkohlung der Bohrungsoberfläche (**Bild 2.4**), welche zu Zugeigenspannungen führt (**Bild 2.3d**), ist ausgesprochen schädlich für die Dauerfestigkeit des Kolbenbolzens. Härterisse, Schlackenzeilen und tiefe Bearbeitungsriefen in der Bohrung setzen die Dauerfestigkeit ebenfalls stark herab.

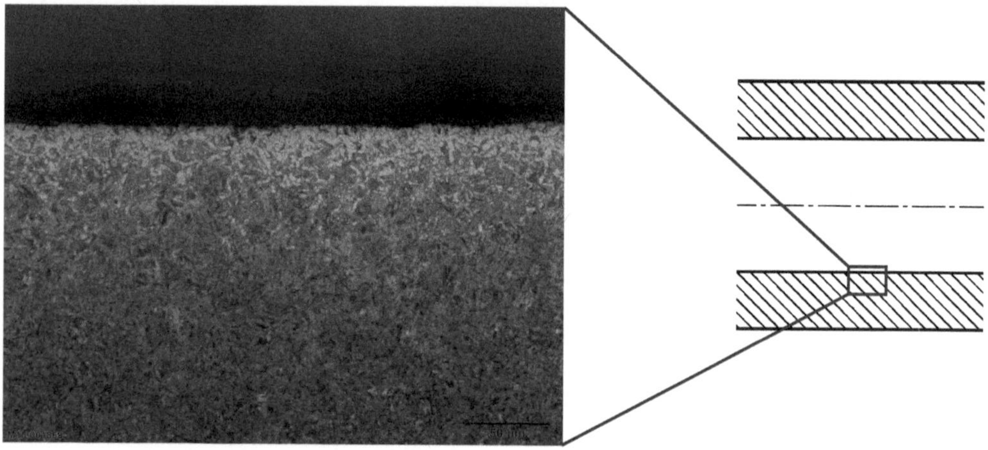

Bild 2.4: Randentkohlung an der Bohrung des Kolbenbolzens

Schwimmend gelagerte Kolbenbolzen können sich drehen. Das bedeutet, dass sich hoch belastete Positionen des Kolbenbolzens in weniger belastete oder zug- in druckbelastete Positionen oder umgekehrt bewegen. Daraus ergibt sich eine wechselnde Belastung des Kolbenbolzens. Aus diesen Spannungsamplituden resultiert im Gegensatz zu im Pleuel fixierten, d. h. sich nicht drehenden Kolbenbolzen eine höhere Belastung des Bauteils. **Bild 2.5** zeigt die Unterschiede zwischen einem fixierten und einem sich drehenden Kolbenbolzen anhand der Spannungsamplituden auf.

Die Bewertung der Bolzenbelastung erfolgt mithilfe eines Dauerfestigkeitsschaubildes, z. B. nach Smith. Ein solches Dauerfestigkeitsschaubild muss für jeden eingesetzten Werkstoff ermittelt werden. Seine Grenzlinien entsprechen dem Sicherheitsbeiwert $S = 1$. Der zulässige

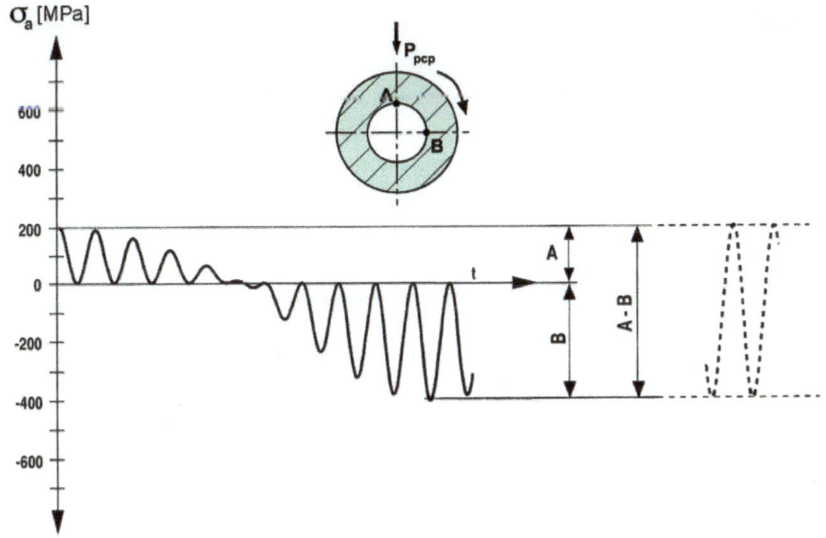

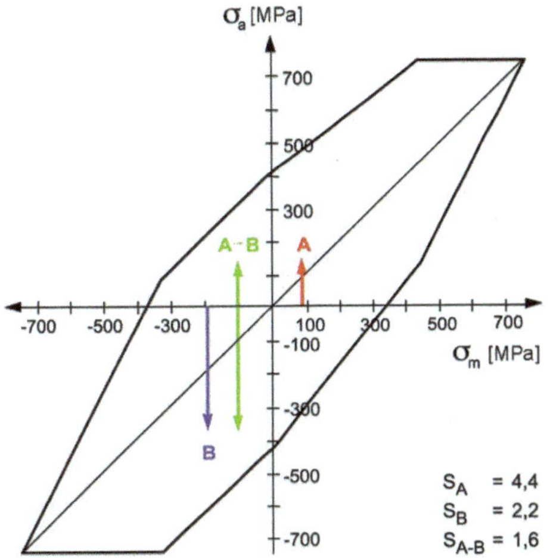

Bild 2.5:
Beanspruchung bei einem im Pleuel fixierten (A, B) und einem sich drehenden Kolbenbolzen (A-B)

Mindestsicherheitsbeiwert wird entsprechend den Anforderungen und zu erwartenden Belastungen für den jeweiligen Einsatzbereich, z. B. Pkw, Nkw, Rennsport, festgelegt.

Das Spiel zwischen Kolbenbolzen und Kolbennabe bzw. Pleuelauge ist so zu wählen, dass es nicht zu Reibern an den Kontaktstellen zum Kolben und der Pleuelstange kommen kann. Besonders im betriebswarmen Zustand ist wegen der unterschiedlichen thermischen Ausdehnungskoeffizienten der eingesetzten Werkstoffe auf die Spielgebung zu achten.

Um Nabenrisse zu vermeiden, dürfen Grenzen der temperaturabhängigen Werkstoff- und Belastungskenngrößen wie z. B. die Flächenpressung in der Nabe nicht überschritten werden.

2.2.3 Deformation

Es besteht nun die Forderung, dass der Kolbenbolzen bei ausreichender Steifigkeit und Festigkeit leicht sein sollte. Die Steifigkeit bezüglich der Durchbiegung lässt sich etwa mit der vierten Potenz der Durchmesservergrößerung stark erhöhen. Zudem verändert sich die Durchbiegung etwa mit der dritten Potenz der Stützweite des Kolbenbolzens, d.h. mit dem Kolbennabenabstand. Eine Verkleinerung dieses Wertes wirkt sich daher ebenfalls stark mindernd auf die Durchbiegung und damit steifigkeitserhöhend aus. Lässt sich dabei ein kürzerer Kolbenbolzen einsetzen, so ist noch eine Massenreduzierung möglich.

Eine Erhöhung der Steifigkeit bezüglich der Ovalisierung kann nur mit größerer Wandstärke erzielt werden und erhöht damit immer die Masse. Die Steifigkeit des Kolbenbolzens hat einen deutlichen Einfluss auf die Beanspruchung der Kolbennaben, der Abstützung und des Muldenrandes, wie **Bild 2.6** zeigt.

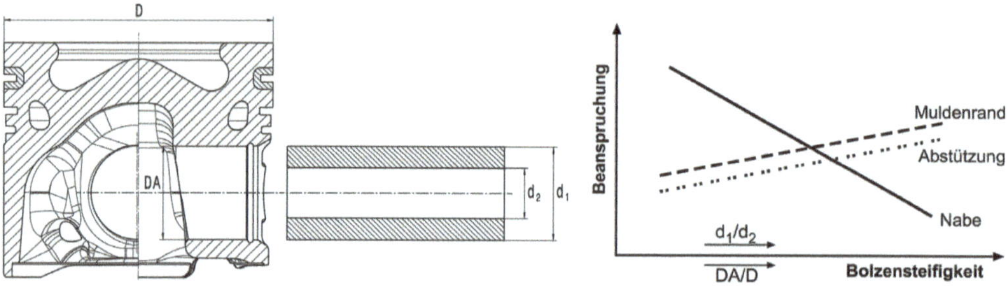

Bild 2.6: Abhängigkeit der Kolbenbeanspruchung von der Kolbenbolzensteifigkeit

Die Anfälligkeit des Kolbens gegen Nabenrisse ist in **Bild 2.7** in Abhängigkeit von der Kolbenbolzengeometrie als Ergebnis von Motorversuchen dargestellt. Wegen der höheren Zünddrücke erfordern Dieselmotoren im Vergleich zu Ottomotoren steifere Kolbenbolzen. Die Begrenzung der maximal zulässigen Flächenpressung in den Kolbennaben verlangt zudem größere Bolzendurchmesser. Trotzdem kann es z.B. durch hohe Zünddrücke bei aufgeladenen Motoren zu Überbelastungen der Kolbennaben kommen.

Falls hier die kolbenseitig möglichen Konstruktionsmaßnahmen zur Herabsetzung der kritischen Spannungen im Bereich der Kolbennaben z.B. durch Vergrößerung des Kolbenbolzenaußendurchmessers, Verkleinerung des Nabenabstandes usw. ausgeschöpft sind, kann durch den Einsatz von Formbohrungen in der Kolbennabe oder Profilbolzen (**Bild 2.11**) eine Lösung gefunden werden. Diese entlasten durch eine weichere Anpassung von Kolbenbolzen und Nabe deutlich die Spannungen in der Kolbennabe. Dabei wird der Durchmesser der Naben-

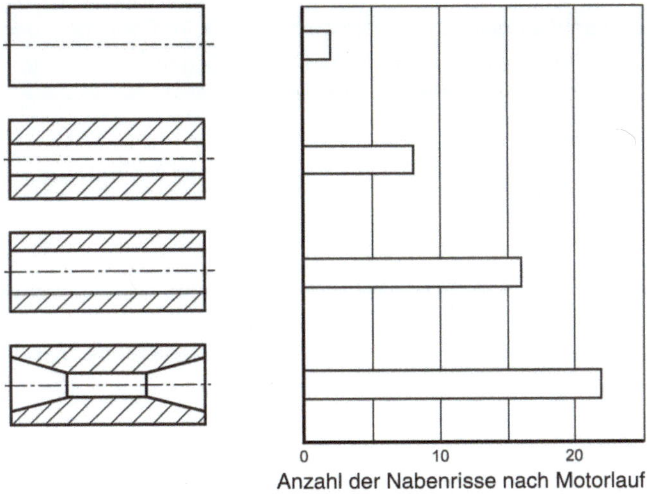

Bild 2.7:
Nabenfestigkeit in Abhängigkeit von der Kolbenbolzengeometrie

bohrung im Bereich der Innen oder Außenkanten entsprechend der Belastung geringfügig zurückgenommen. Für einen weichen Übergang muss gesorgt werden.

2.2.4 Schmierung, Ölversorgung

Es liegt eine mechanische Beanspruchung der Gleitpartner durch Gas- und Massenkräfte vor. Die instationären Belastungen verursachen eine wechselnde Pressung an den Gleitflächen, sodass Mischreibungszustände auftreten können. Um den Verschleiß gering zu halten, ist das im Kurbelraum vorhandene Spritzöl nicht immer ausreichend. Der Aufbau des Schmierfilms muss dann mit konstruktiven Maßnahmen unterstützt werden. Im kleinen Pleuelauge erfolgt dies bei großen Kolben mit einer Spritzölzuführung oder einer Druckölversorgung durch die Pleuelstange. Öltaschen als Reservoir sind ebenfalls möglich. In der Kolbennabe werden Taschen, Ölrillen u.a. realisiert.

2.2.5 Verschleiß

Mischreibungszustände sind nicht unter allen Betriebsbedingungen vermeidbar. Daher muss der Kontakt zwischen Kolbenbolzen und kleinem Pleuelauge einerseits und der Bohrung in der Kolbennabe andererseits auch ausreichende Notlaufeigenschaften haben und verschleißfest sein. Mit einer hohen Oberflächengüte und auch -härte am Kolbenbolzen kann dies auf einfache Weise erreicht werden. Kolbenbolzen werden deshalb einsatz- oder nitriergehärtet.

Werden besonders hohe Ansprüche an die Oberfläche gestellt, wie es z. B. im Rennsport der Fall ist oder wird ein buchsenloses Pleuel verwendet, so können die Gleiteigenschaften (Reibung, Verschleißwiderstand) durch eine zusätzliche PVD- oder DLC-Beschichtung (Physical Vapour Deposition, PVD; Diamond Like Carbon, DLC) wesentlich verbessert werden. Derartige Beschichtungen ermöglichen höchste Flächenpressungen und mindern die Reibung.

2.2.6 Gewicht

Durch die Reduzierung der Kolbenbolzenmasse lässt sich die gesamte oszillierende Masse reduzieren. Der Anteil des Kolbenbolzens an der oszillierenden Masse kann zwischen 10 und 30 % betragen.

2.3 Kolbenbolzenbauarten

Bei den meisten Anwendungen hat sich der rohrförmige bzw. zylindrische Kolbenbolzen (**Bild 2.8**) als Standardkonstruktion durchgesetzt. Forderungen in Bezug auf einfache Geometrie und wirtschaftliche Herstellung werden durch ihn in optimaler Weise erfüllt.

Um die Massenkräfte der hin- und hergehenden (oszillierenden) Triebwerkteile zu verringern, können die mechanisch weniger belasteten Enden der Kolbenbolzenbohrung zur Gewichtseinsparung konisch ausgeführt werden (**Bild 2.9**).

Eine weitere Kolbenbolzenvariante, die besonders für hoch belastete Dieselmotoren zur Anwendung kommt, ist der Innenform-Kolbenbolzen (**Bild 2.10**). Dabei wird die Wanddicke des Kolbenbolzens gezielt im Pleuelbereich verstärkt, während die Kolbenbolzenenden durch die konische Ausführung zur Massenreduzierung beitragen.

Bei kritischen Spannungen in der Kolbennabe und wenn die kolbenseitigen Konstruktionsmöglichkeiten ausgeschöpft sind, kann der Kolbenbolzen mit profilierter Außenform eine Lösung sein (**Bild 2.11**). Bei diesen Kolbenbolzen sind im Bereich der Auflagen der Bohrungs-Innenkanten der Kolbennaben die Außenmantelflächen durch Einstechschleifen geringfügig zurückgenommen (ca. 20 bis 40 µm). Wichtig ist, dass die Übergänge vom Einstich zu den zylindrischen Bereichen sanft verlaufen.

Bei gekühlten Kolben, insbesondere bei Großkolben, wird häufig das Kühlöl von der Pleuelstange über den Kolbenbolzen zum Kolben geleitet. Kolbenbolzen für ölgekühlte Kolben

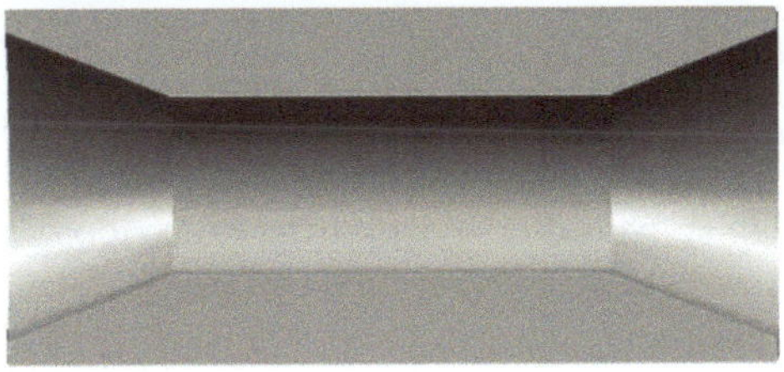

Bild 2.8: Kolbenbolzen mit zylindrischer Bohrung

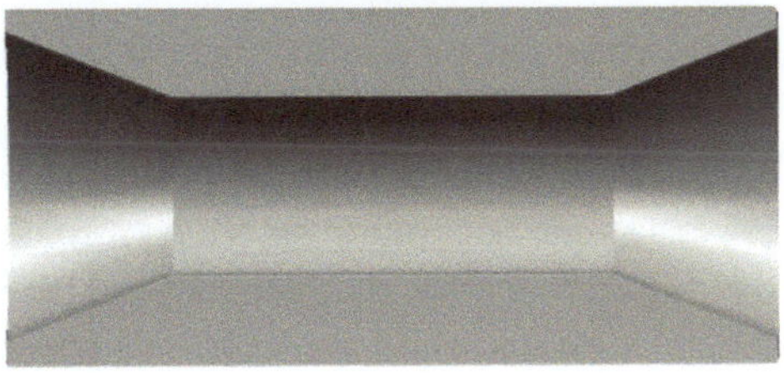

Bild 2.9: Kolbenbolzen mit Innenkonen

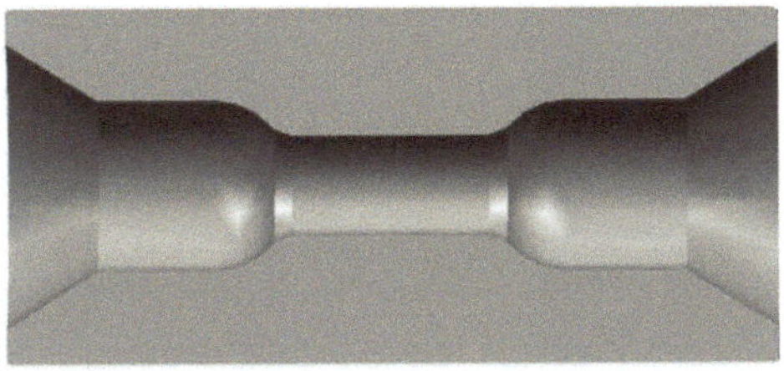

Bild 2.10: Kolbenbolzen mit profilierter Innenform

Bild 2.11: Kolbenbolzen mit Außenform (Formbolzen)

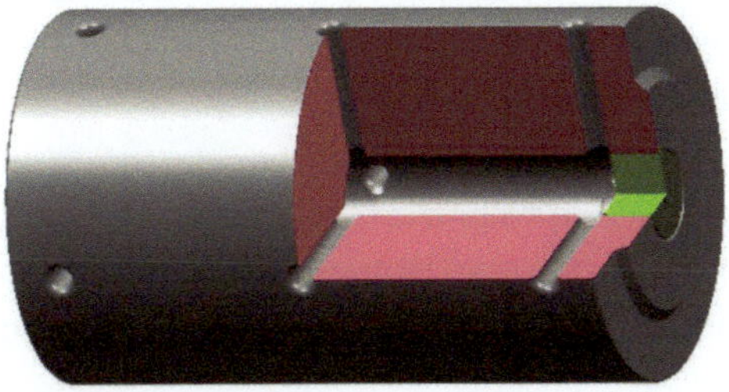

Bild 2.12: Kolbenbolzen mit Ölbohrungen und Verschlußstopfen (eingeschrumpft)

Bild 2.13: Kolbenbolzen mit Ölbohrungen und Verschlußdeckel (eingewalzt)

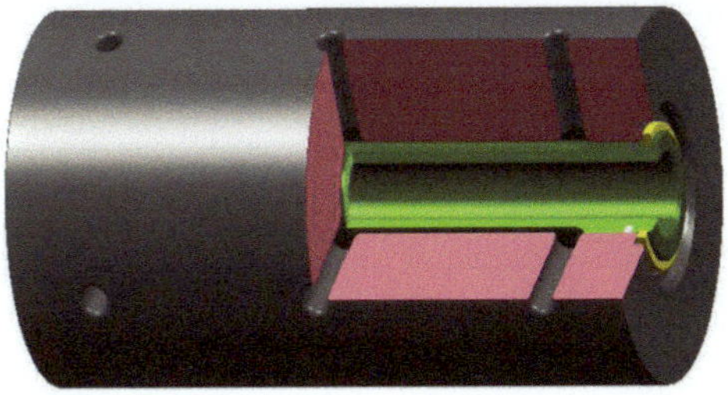

Bild 2.14: Kolbenbolzen mit Ölbohrungen und Ölleitrohr

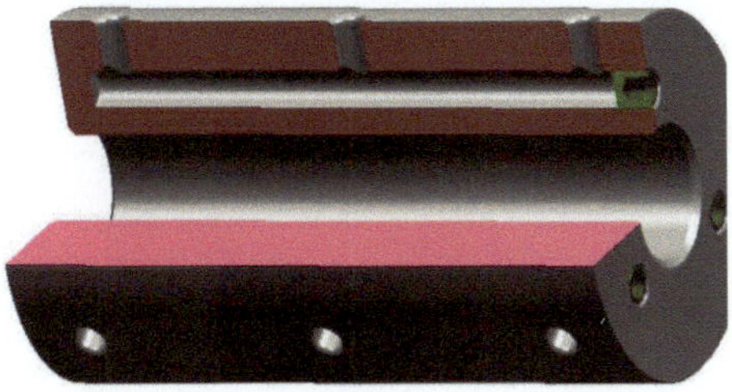

Bild 2.15: Kolbenbolzen mit Ölbohrungen und Verschlußschrauben

lassen verschiedene Ausführungsmöglichkeiten zu (**Bilder 2.12 – 2.15**). Der unter allen Bedingungen sichere stirnseitige Verschluss der Kolbenbolzen ist für die Kühlölversorgung des Kolbens und damit für die Betriebssicherheit des Motors von entscheidender Bedeutung. Sowohl in der Herstellung als auch im späteren Betrieb hat sich besonders der Kolbenbolzen mit eingeschrumpften Stopfen bewährt (**Bild 2.12**).

2.4 Auslegung

2.4.1 Dimensionierung

Kolbenbolzen werden für die Belastung durch Gas- und Massenkräfte, Kontaktpressung und Verformung ausgelegt. Darüber hinaus muss für einen einwandfreien Betrieb, d. h. für einen geräuscharmen Lauf der Kolben und zur Minimierung des Verschleißes, das Lagerspiel zwischen Kolbenbolzen und den Kolbennaben sowie dem kleinen Pleuelauge festgelegt werden. Hierbei ist zu berücksichtigen, dass bei unterschiedlicher Wärmeausdehnung des Systems Kolben – Kolbenbolzen – Pleuelstange bei warmem Motor die Laufspiele größer und bei kalter Temperatur kleiner als die Einbauspiele sind. Die Temperaturabhängigkeit des Lagerspiels zwischen Kolbenbolzen und kleinem Pleuelauge bleibt in der Regel unberücksichtigt.

Für die Auslegung des kleinsten relativen Lagerspiels in Aluminiumkolben (**Tabelle 2.1**) ist bei Ottomotoren zu unterscheiden, ob es sich um eine „schwimmende" Bolzenlagerung oder einen im kleinen Pleuelauge eingeschrumpften Kolbenbolzen handelt. Die schwimmende Lagerung

Tabelle 2.1: Kleinstes relatives Einbauspiel zwischen Kolbenbolzen und Kolben bzw. Pleueln für Otto- und Dieselmotoren, ohne Rennsportmotoren

Anwendung		Kolbenwerkstoff	Kolbenbolzen-Lagerung	Relatives Lagerspiel[1)]	
				Kolbennabe	Pleuelauge
Ottomotoren	Pkw	Al	Mit Schrumpfpleuel	> 0,4 ‰	< –1,0 ‰ (Überdeckung)
	Pkw	Al	Schwimmend	> 0,2 ‰	> 0,4 ‰
Dieselmotoren	Pkw	Al	Schwimmend	> 0,2 ‰	> 0,6 ‰
	Nkw	Al	Schwimmend	> 0,2 ‰	> 1,0 ‰
	Nkw	St	Schwimmend	> 1,0 ‰	> 1,0 ‰
Großmotoren		St/Al	Schwimmend	> 0,15 ‰	> 1,0 ‰
		St/St	Schwimmend	> 0,5 ‰	> 1,0 ‰

1) bezogen auf den Außendurchmesser des Kolbenbolzens

des Kolbenbolzens ist die Standardausführung und die in den Kolbennaben spezifisch am höchsten belastbare Variante. Bei der Schrumpfpleuelausführung sitzt der Kolbenbolzen mit Überdeckung im kleinen Pleuelauge.

Vor- und Nachteile von Klemmpleueln und schwimmender Lagerung der Kolbenbolzen im Pleuel sind in **Tabelle 4.2** dargestellt.

Für die Dimensionierung des Kolbenbolzens sind die Kolben- und Pleuelgeometrie sowie der höchste Druck im Arbeitstakt zu berücksichtigen. Je nach Anwendung ergeben sich hieraus Abmessungen entsprechend **Tabelle 2.2**.

Tabelle 2.2: Typische Hauptabmessungen von Kolbenbolzen
D: Kolbendurchmesser, d_1: Außendurchmesser Kolbenbolzen, d_2: Innendurchmesser Kolbenbolzen, l: Kolbenbolzenlänge

Anwendung		Kolben	Kolbenbolzen		
		D [mm]	D_1/D	D_2/d_1	l/D
Ottomotoren	2-Takt	35 – 70	0,20 – 0,30	0,40 – 0,73	0,65 – 0,80
	Pkw	65 – 100	0,20 – 0,30	0,47 – 0,60	0,60 – 0,75
Dieselmotoren	Pkw	65 – 95	0,30 – 0,40	0,43 – 0,53	0,65 – 0,80
	Nkw-Al	100 – 160	0,40 – 0,45	0,40 – 0,47	0,78 – 0,82
	Nkw-St			0,31 – 0,47	0,60 – 0,85
Großmotoren		< 250	0,30 – 0,45	0,34 – 0,56	0,70 – 0,86
		> 250	0,35 – 0,45	0,38 – 0,45	0,65 – 0,86

2.4.2 Berechnung

Eine analytische Berechnung der transienten Verformungen und Spannungen am Kolbenbolzen ist auch mit sehr großem Aufwand kaum exakt durchzuführen, da u.a. gleichzeitig zu berücksichtigen sind:

- funktionsbedingt stark unterschiedliche Querschnitte und damit Steifigkeit am Kolben,
- Wirkung der Kolbentemperatur auf Kolbenverformungen und auf die Kolbensteifigkeit (E-Modul),
- Wirkung der Kolbenbolzendeformation,
- unterschiedlicher E-Modul von Kolbenwerkstoff und Kolbenbolzenwerkstoff,
- unterschiedliche Widerstandsmomente der Kolbenbolzenquerschnitte (z.B. konischer Kolbenbolzen),
- Schmierfilmausbildung.

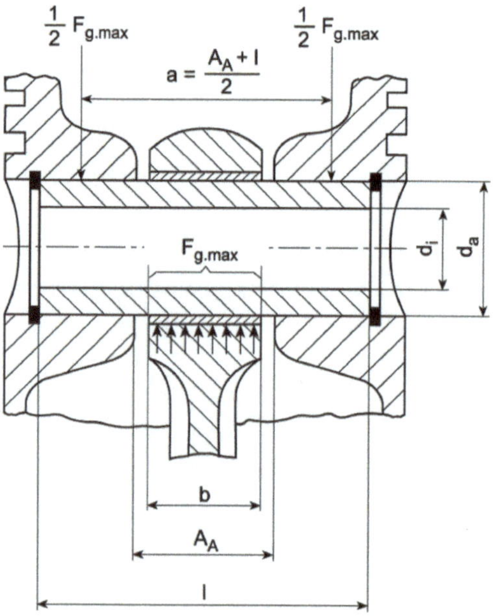

Spannung durch Ovalisierung

$$\sigma_A = \frac{3F_{g,max}(d_a + d_i)}{4l(d_a - d_i)^2}$$

Spannung durch Biegung

$$\sigma_B = \frac{8F_{g,max}\,a\,d_a}{\pi(d_a^4 - d_i^4)}$$

Gesamtspannung

$$\sigma_{ges} = \sqrt{\sigma_A^2 + \sigma_B^2}$$

Bild 2.16:
Belastungsschema eines Kolbenbolzens (Schlaefke-Auslegung)

Mit vereinfachten Lastannahmen können Berechnungen durchgeführt werden, die zusammen mit Erfahrungswerten eine Beurteilung der Betriebsbedingungen zulassen. Unter den Annahmen einer Flächenlast im Pleuelauge und punktförmigen Einzellasten in den Nabenbohrungen im Kolben stellte Schlaefke bereits 1940 ein brauchbares Rechenverfahren auf (**Bild 2.16**).

Neben den Verformungen auf Biegung und Ovalisierung wird aus der Biegespannung σ_B und aus der Spannung durch Ovalisierung σ_A die „Gesamtspannung" ermittelt.

Die Beurteilung erfolgt auf Basis von Erfahrungswerten für Gesamtspannung und Deformation. Die mittlere Nabenpressung darf dabei die durch die Kolbenfestigkeit vorgegebenen Grenzwerte nicht übersteigen.

2.4.3 Finite-Elemente-Berechnung

Wie bei anderen Bauteilen hat sich auch bei Kolbenbolzen die Bauteilauslegung mit Finite-Elemente-Berechnungsmethoden (FE) durchgesetzt. Dabei muss der EHD-Kontakt (elasto-hydrodynamischer Kontakt) unter Berücksichtigung der Deformationen und der Schmierspaltgeometrie berechnet werden. Diese Berechnung ist rechenintensiv, da die Deformationen aus der Temperatur-, Gas- und Massenkraftbelastung von Kolben und Pleuelstange berücksichtigt werden müssen.

Für Variantenberechnungen wurden die die Beanspruchung bestimmenden Randbedingungen des EHD-Kontakts am Kolbenbolzen standardisiert und ein vereinfachtes 3-D-FE-Berechnungsverfahren abgeleitet.

Das MAHLE Programm MPOT verwendet für die Lasteinleitung eine Druckverteilung in der Pleuelstange und in der Kolbennabe. Diese Druckverteilung wurde für Kolben mithilfe einer 3-D-FE-Berechnung bestimmt und liegt als standardisierte elasto-hydrodynamische Schmierfilm-Druckverteilung dem Programm zugrunde. Es wurden für alle anwendbaren Abstützungsfälle Druckprofile berechnet und integriert. **Bild 2.17** zeigt als Beispiel eine Druckverteilung für die Parallelabstützung. Mithilfe des Zünddrucks und der geometrischen Daten (Kolbendurchmesser, Naben-, Kolbenbolzen- und Pleuelgeometrien) wird das entsprechende Profil auf die neuen Daten abgebildet und eine automatische Netzgenerierung für ein Kolbenbolzenviertel durchgeführt. Die Ergebnisse liegen bereits nach wenigen Minuten Rechenzeit vor (siehe **Bilder 2.18 – 2.20**).

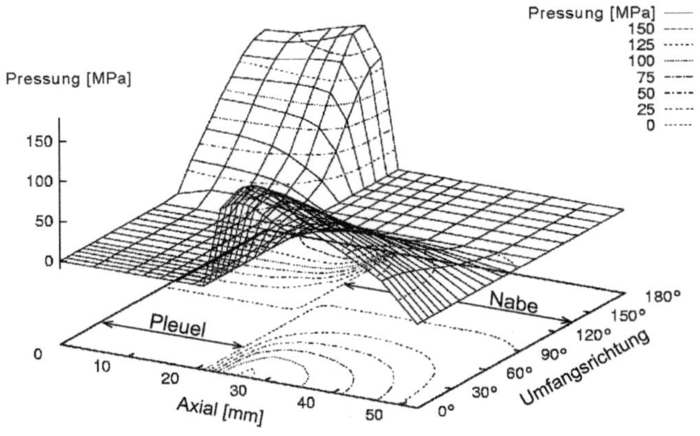

Bild 2.17:
Druckverteilung bei Parallelabstützung eines Kolbenbolzens

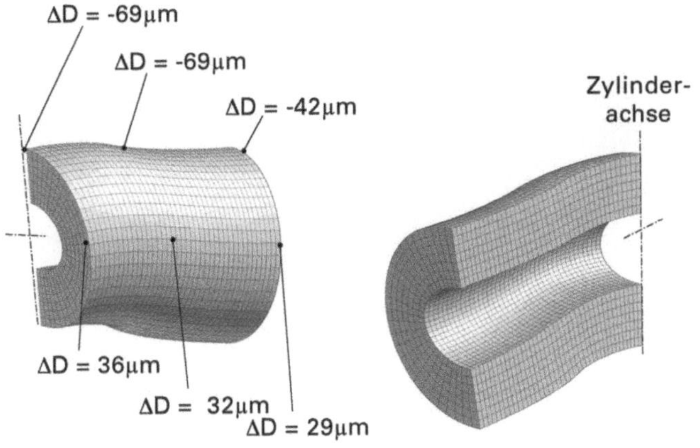

Bild 2.18:
Mit MPOT berechnete Deformation des Kolbenbolzens (Großmotor)

Das MAHLE Programm MPOT ermöglicht die vereinfachte Auslegung von Kolbenbolzen für Pkw- und Nkw-Aluminiumkolben mit zylindrischer Kolbenbolzenform und Innenbohrung mit Konus an der Kolbenbolzenstirnseite. Als Abstützungsgeometrien sind Parallel-, Trapez- und Stufenabstützung anwendbar.

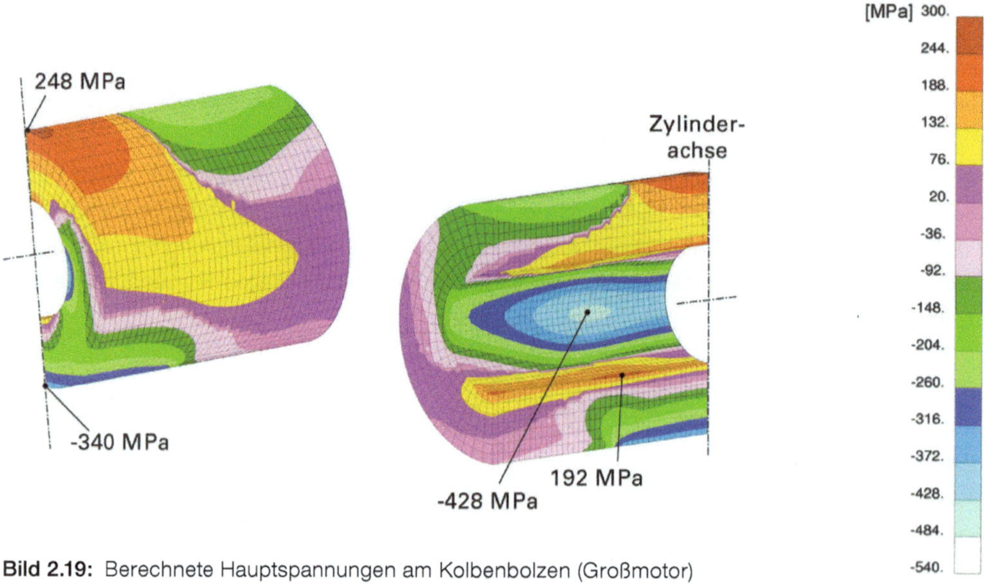

Bild 2.19: Berechnete Hauptspannungen am Kolbenbolzen (Großmotor)

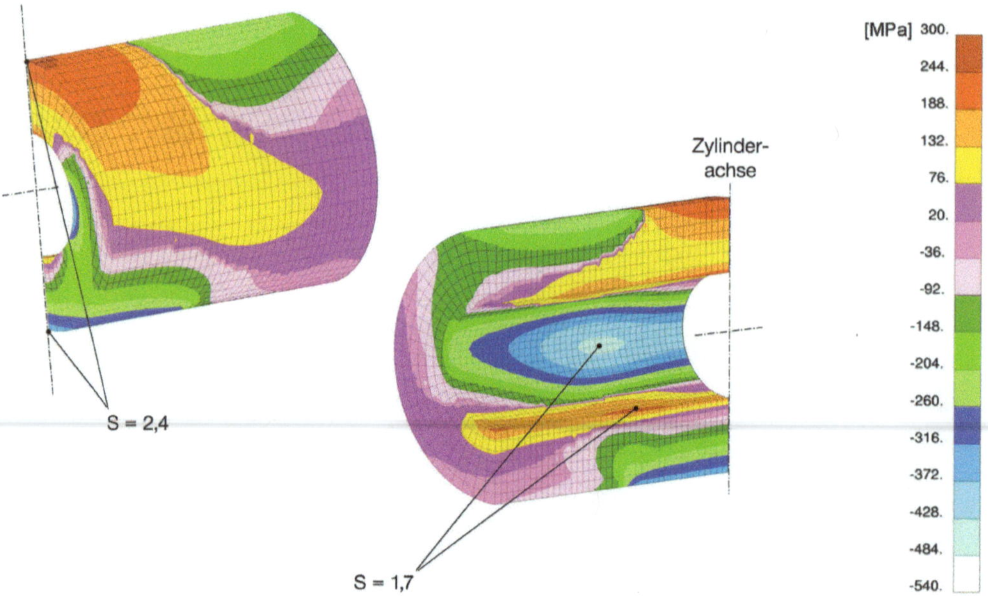

Bild 2.20: Sicherheitsfaktoren an verschiedenen Stellen des Kolbenbolzens (Großmotor)

Die Bewertung der berechneten Spannungen (**Bild 2.19**) wird mit einem integrierten Zusatzprogramm automatisch für die üblichen Kolbenbolzenwerkstoffe durchgeführt und die Sicherheitsfaktoren ausgegeben (**Bild 2.20**).

2.4.4 Maß- und Formtoleranzen, Norm

Die Bezeichnungen am Kolbenbolzen entsprechend der Kolbenbolzennorm ISO 18669 sind in **Bild 2.21** gezeigt.

Die Kolbenbolzennorm DIN 73126 wurde international überarbeitet und als ISO 18669-1 und 18669-2 veröffentlicht. Im Teil 1, den „General Specifications", sind die Bezeichnungen, Kolbenbolzentypen, Abmessungen und Toleranzen sowie Werkstoffe, Wärmebehandlung und Qualitätsmerkmale aufgeführt. Teil 2 befasst sich mit den Mess- und Prüfmethoden.

MAHLE Kolbenbolzen werden in Anlehnung an die Norm ISO 18669 ausgelegt, gefertigt und eingesetzt.

In den **Tabellen 2.3 - 2.6** sind die wichtigen in der Norm aufgeführten Auslegungskriterien Kernhärte, Einhärtungstiefen, Oberflächenhärte, Volumenstabilität sowie die Rauheit angegeben.

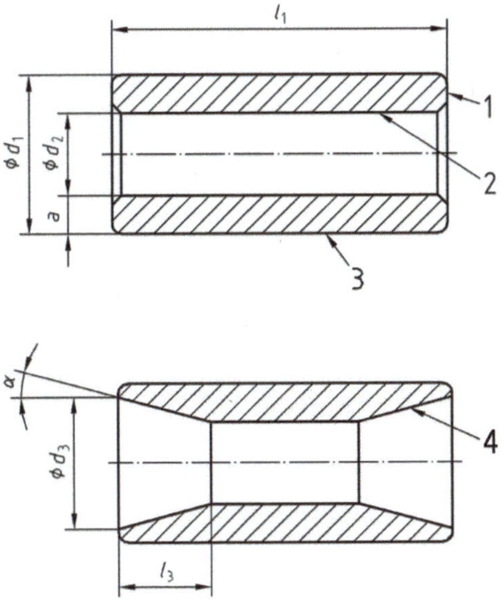

d_1: Außendurchmesser
d_2: Innendurchmesser
l_1: Länge
a: Wanddicke
1: Stirnfläche
2: Bohrungsfläche (Innenmantelfläche)
3: Außenmantelfläche

d_3: Konus-Austrittsdurchmesser
l_3: Konuslänge
α: Konuswinkel
4: Konische Bohrungsfläche

Bild 2.21: Bezeichnungen am Kolbenbolzen

Tabelle 2.3: Kernhärte (Kernfestigkeit)

<table>
<tr><th rowspan="2">Wanddicke a [mm]</th><th colspan="3">Kernhärte HV 30 und (Kernfestigkeit R_m [MPa]) [1]</th></tr>
<tr><th>Klasse L</th><th>Klasse M</th><th>Klasse N</th></tr>
<tr><td>1,5 – 2</td><td>310 – 515
(1.000 – 1.650)</td><td rowspan="2">310 – 470
(1000 – 1.500)</td><td rowspan="5">310 – 470
(1.000 – 1.500)</td></tr>
<tr><td>> 2 – 5</td><td>280 – 485
(900 – 1.575)</td></tr>
<tr><td>> 5 – 10</td><td>270 – 470
(850 – 1.500)</td><td rowspan="3">280 – 470
(900 – 1.500)</td></tr>
<tr><td>> 10 – 15</td><td>250 – 470
(800 – 1.500)</td></tr>
<tr><td>> 15 – 25</td><td rowspan="2">235 – 470
(750 – 1.500)</td></tr>
<tr><td>> 25</td><td>250 – 435
(800 – 1.400)</td><td></td></tr>
</table>

[1] Die Kernfestigkeitswerte (R_m) sind nur als Bezug angegeben und werden durch Umrechnung mit Faktor 3,2 aus der Kernhärte HV bestimmt.

Tabelle 2.4: Härtetiefen, Maße in mm

<table>
<tr><th rowspan="3">Wanddicke a</th><th colspan="5">Einsatzhärtetiefe</th><th colspan="2">Nitrierhärtetiefe</th></tr>
<tr><th colspan="2">Außen</th><th rowspan="2">Innen min.</th><th colspan="2">Außen und innen zusammen</th><th rowspan="2">Außen min.</th><th rowspan="2">Innen min.</th></tr>
<tr><th>Min.</th><th>Code X</th><th>Max.</th><th>Code X</th></tr>
<tr><td>1,5 – < 2</td><td>–</td><td>0,4</td><td>0,1</td><td>0,65 · a</td><td>0,80 · a</td><td rowspan="5">0,3</td><td rowspan="5">0,2</td></tr>
<tr><td>2 – 3</td><td>0,3</td><td>0,5</td><td>0,1</td><td>0,65 · a</td><td>0,80 · a</td></tr>
<tr><td>> 3 – 5</td><td>0,4</td><td>0,6</td><td>0,2</td><td>0,50 · a</td><td>0,65 · a</td></tr>
<tr><td>> 5 – 15</td><td>0,6</td><td>–</td><td>0,4</td><td>0,35 · a</td><td>–</td></tr>
<tr><td>> 15</td><td>0,8</td><td>–</td><td>0,6</td><td>0,35 · a</td><td>–</td></tr>
</table>

Anmerkung 1: Für die Bestimmung der Einsatzhärtetiefe beträgt die Grenzhärte Hs 550 HV.

Anmerkung 2: Für Kolbenbolzen mit eingeschränkter Volumenänderung, Kennzeichen V, beträgt die Grenzhärte Hs 500 HV.

Anmerkung 3: Code X: gültig für Kolbenbolzen in Verwendung mit Nadellagerung im Pleuelauge.

Tabelle 2.5: Oberflächenhärte für Kolbenbolzen der Klasse 1

Härte-Messmethode	Oberflächenhärte		
	Einsatzstahl		Nitrierstahl
	Uneingeschränkte Volumenänderung	Eingeschränkte Volumenänderung Kurzzeichen: V	
Vickers HV 10	675 min.	635 min.	690 min.
Rockwell HRC [1]	59 min.	57 min.	–
Rockwell HRA [2]	80,7 min.	79,6 min.	–

[1] Einsatzhärtetiefe min. 0,7 mm, [2] Einsatzhärtetiefe 0,4 mm – 0,9 mm

Tabelle 2.6: Volumenänderung nach Wärmebeständigkeitstest, Maße in mm

Prüfbedingungen	Außendurchmesser d_1	Max. Maßzunahme Δd_1		
		Einsatzstahl		Nitrierstahl
		Uneingeschränkte Volumenänderung	Eingeschränkte Volumenänderung Kurzzeichen: V	
Nach 4 h Bei 180 °C	≤ 50	+ 0,006	0	0
	> 50 – ≤ 60	+ 0,008	0	
	> 60 – 100	+ 0,012	0	
Nach 4 h Bei 220 °C	≤ 50	–	+ 0,006	
	> 50 – ≤ 60	–	+ 0,008	
	> 60 – 100	–	+ 0,012	

2.5 Werkstoffe

MAHLE Kolbenbolzen werden aus hochwertigen Einsatz- oder Nitrierstählen hergestellt. Das Einsatz- oder Nitrierhärten ergibt bei guter Zähigkeit im Kern hohe Oberflächenhärten mit gutem Verschleißverhalten. Dabei zeichnen sich Kolbenbolzen aus Nitrierstahl durch ihren sehr guten Verschleißwiderstand besonders aus. Durch die Anreicherung der Randzonen mit Kohlenstoff bzw. Stickstoff wird eine Volumenzunahme erreicht, die zu Druckspannungen in den Kolbenbolzenrandschichten führt. Wie schon erwähnt, wirken sich diese Druckeigenspannungen an der Oberfläche positiv auf die Dauerfestigkeit des Kolbenbolzens aus. Werkstoff- oder Gefügefehler wie Randentkohlung, Zementitnetz, fehlende Einsatzhärtung der

Innenbohrung, Härte- und Schleifrisse oder offene Schlackenzeilen sind in diesen Randzonen besonders kritisch.

Kolbenbolzen aus Einsatzstahl haben das Problem mangelnder Volumenstabilität, d.h. mit steigender Oberflächenhärte (erhöhtem Restaustenitgehalt) wird auch der Kolbenbolzendurchmesser bei Temperaturbeanspruchung bleibend „wachsen“ (**Tabelle 2.6**).

Tabelle 2.7 zeigt die MAHLE Kolbenbolzenwerkstoffe in ihrer Zusammensetzung, ihren physikalischen Eigenschaften und Anwendungsgebieten.

Tabelle 2.7: MAHLE Kolbenbolzenwerkstoffe

Chemische Zusammensetzung in Gew. %	**Einsatzstähle**			**Nitrierstahl**
	17Cr3	**16MnCr5**	**17CrNi6**	**31CrMoV9**
	SAE 5115 (Klasse L)[1]	**(Klasse M)**[1]		**(Klasse N)**[1]
C	0,13 – 0,20	0,14 – 0,19	0,14 – 0,20	0,27 – 0,34
Si	0,15 – 0,40	0,15 – 0,40	0,40 max.	0,40 max.
Mn	0,60 – 0,90	1,00 – 1,30	0,50 – 0,90	0,40 – 0,70
P	≤ 0,035	≤ 0,035	≤ 0,035	≤ 0,025
S	≤ 0,040	≤ 0,035	≤ 0,035	≤ 0,035
Cr	0,70 – 1,00	0,80 – 1,10	1,40 – 1,70	2,30 – 2,70
Ni			1,40 – 1,70	
Mo				0,15 – 0,25
V				0,10 – 0,20
E-Modul [MPa]	210.000	210.000	210.000	214.000
Wärmeausdehnung[2] $[10^{-6}$ 1/K] 20–200 °C	13,1	13,1	12,8	13,0
Wärmeleitfähigkeit[2] λ [W/m*K]	36	36	37	39
Dichte [g/cm^3]	7,82	7,84	7,84	7,83
Poisson-Zahl μ	0,27	0,27	0,27	0,27
Anwendung	Otto- und Pkw-Dieselmotoren	Hoch belastete Pkw-Motoren sowie Nkw- und mittelschnelllaufende Dieselmotoren	Großmotoren	Hoch belastete Otto- und Dieselmotoren

[1] entspricht ISO 18669-1

[2] ermittelt an getrennt hergestellten Proben mit gleicher Härte (ca. 300 HV)

Für hoch beanspruchte Renn- und Sportmotoren sowie für alle Großkolbenbolzen werden die Stähle in ESU-Qualität (Elektro-Schlacke-Umschmelzverfahren) verwendet. Die ESU-Stähle zeichnen sich durch einen sehr hohen Reinheitsgrad, niedrigen Schwefelgehalt und große Gleichmäßigkeit im Gefüge aus. Im **Bild 2.22** sind typische Härteverläufe über den Kolbenbolzenquerschnitt mit zugehörendem Gefüge außen, im Kern und an der Bohrung von einsatzgehärteten und nitrierten Kolbenbolzen gezeigt.

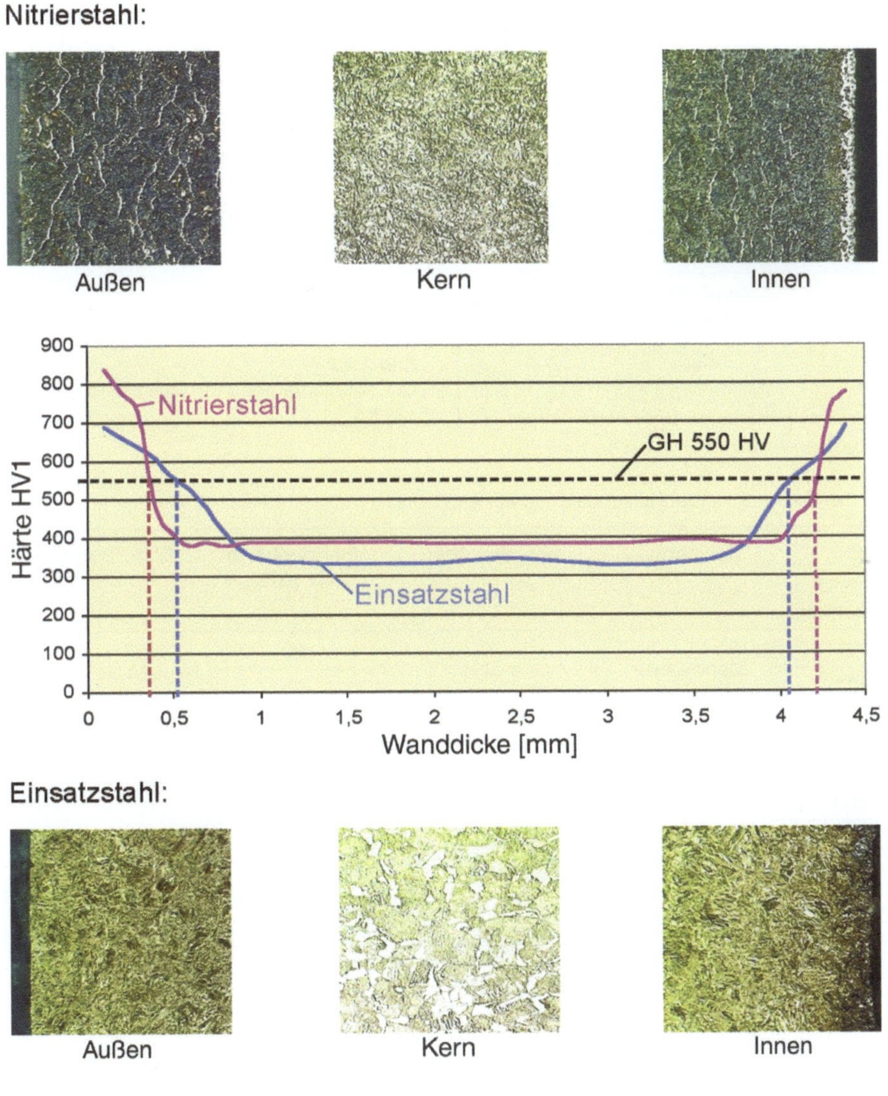

Bild 2.22: Typischer Härteverlauf und Gefüge von Kolbenbolzen einsatzgehärtet und nitriert

2.6 Beschichtung

Für einen reibungsarmen und sicheren Betrieb der Kolbenbolzenlagerung werden verschiedene amorphe, wasserstoffhaltige DLC-Beschichtungen (a-C:H) eingesetzt. Die Beschichtungen sind im Schichtaufbau und der Schichthärte an die mit dem Kolbenbolzen in Kontakt stehenden Werkstoffe und Kontaktbelastungen angepasst. Unterschieden wird nach dem Schichtaufbau zwischen den drei Schichttypen Mono-, Dual- und Triple-Layer (**Bild 2.23**). Die Gesamtschichtdicken liegen zwischen 2 und 3,5 μm. Die Schichten mit hoher Härte werden für Laufpartner, die aus abrasiv wirkenden Werkstoffen wie beispielweise der Aluminiumkolbenlegierung bestehen oder bei hohen Flächenpressungen eingesetzt.

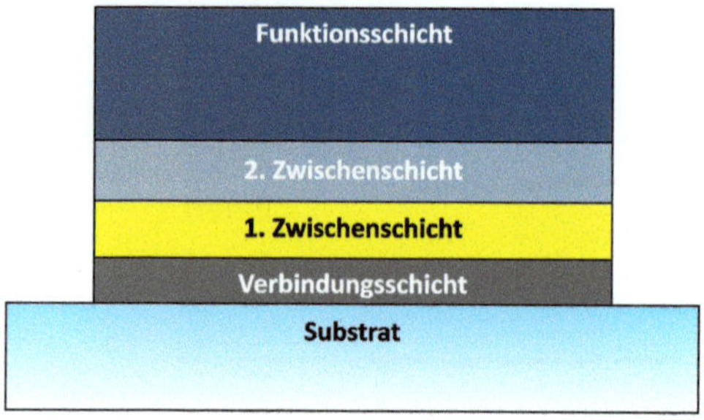

Bild 2.23:
DLC-Schichtaufbau am Beispiel des Triple-Layers

Tabelle 2.8: MAHLE Kolbenbolzenbeschichtungen

MAHLE Kolbenbolzen-beschichtung	Schichttyp	Schichtaufbau	Eindringhärte HIT [GPa]	Schichteigenschaft
MPC-101	Mono-Layer	a-C:H	20	hohe Verschleißfestigkeit
MPC-102			24	
MPC-201	Dual-Layer	CrN, a-C:H	20	hohe Schichtfestigkeit
MPC-202			24	
MPC-203		a-C:H:W, a-C:H	20	
MPC-204			24	
MPC-301	Triple-Layer	CrN, CrC, a-C:H	20	hohe Verschleißfestigkeit und sehr hohe Schichtfestigkeit
MPC-302			24	

2.7 Bauteilprüfung

Kolbenbolzenprüfstand

Häufig werden Kolbenbolzen auf servo-hydraulischen Prüfmaschinen und Resonanzpulsern geprüft. Eine Simulation der Drehbewegung des Kolbenbolzens ist dabei normalerweise nicht vorgesehen. Wie bereits angeführt, lässt sich damit die Beanspruchung des schwimmend gelagerten Kolbenbolzens nicht ausreichend genau nachprüfen. Schwimmend gelagerte Kolbenbolzen werden deshalb auf einer speziellen Vorrichtung, dem Kolbenbolzenprüfstand geprüft (**Bild 2.24**). Mit diesem Prüfaufbau kann die Wechselbeanspruchung bei sich drehendem Kolbenbolzen unter Biegung und Ovalisierung nachgebildet werden.

Die Prüflast wird statisch aufgebracht und ist stufenlos bis zur Maximallast regelbar.

Der Kolbenbolzen wird unter Last mit konstanter Drehzahl gedreht. Die Übertragung der Drehbewegung auf den Kolbenbolzen erfolgt indirekt ohne Momenteneinleitung durch den Antrieb der Nabenlagerung. Die Kolbenbolzenaufnahme ist eine Nachbildung in der Geometrie der realen Kolbennaben und des kleinen Pleuelauges.

Die Kolbenbolzenbelastung, die Kolbenbolzendurchbiegung, die Lagertemperaturen und die Absenkung der Pleuelstange werden überwacht. Die Anlage schaltet ab, wenn sich aufgrund eines Kolbenbolzenrisses die Pleuelposition ändert.

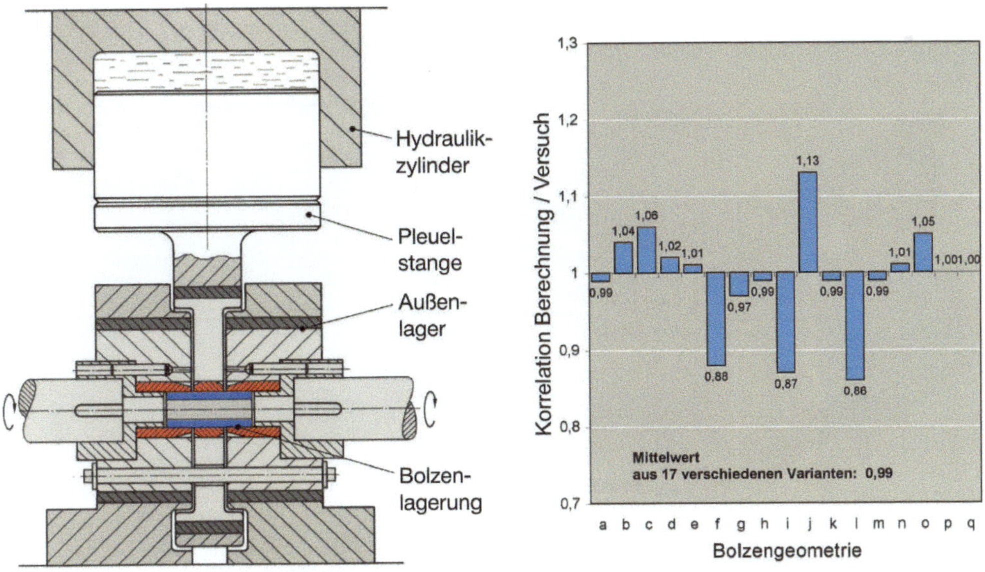

Bild 2.24: Pkw-Kolbenbolzenprüfstand, Korrelation zwischen Berechnung und Versuch

2.8 Kolbenbolzensicherungen

Wird der Kolbenbolzen nicht durch eine Schrumpfverbindung im kleinen Pleuelauge gehalten, so muss er gegen seitliches Auswandern aus der Kolbennabe und Anlaufen an der Zylinderwand gesichert werden. Diese Sicherung erfolgt bei Klein- und Pkw-Motoren fast ausschließlich durch außen spannende Sicherungsringe aus Rund- oder Flachdraht, die in entsprechende Nuten in der Kolbennabe außen eingesetzt werden. Sicherungsringe aus Rund- und Flachdraht (auch Sprengringe genannt) werden aus patentiert gezogenem Federstahldraht (DIN EN 10270-1) oder ölschlussvergütetem Federstahldraht (DIN EN 10270-2) hergestellt. **Bild 2.25** zeigt einen typischen Runddrahtsprengring, wie er in Pkw-Motoren eingesetzt wird.

Zur Erleichterung der Montage können die Stoßenden der Sprengringe hakenförmig eingezogen werden (**Bild 2.26**).

Die Haken führen jedoch zu einer Erhöhung der Masse an den Ringenden und folglich zu einer niedrigeren Motordrehzahl bis zum Abheben der Sprengringe aus der Sicherungsnut im Kolben. Durch die niedrigere Ablösedrehzahl bei Sprengringen mit Haken finden diese Sicherungsringe fast nur in Dieselmotoren Anwendung.

Bei hoch drehenden Motoren kann die Lage des Sprengringstoßes durch einen nach außen gebogenen Haken in der Nut so fixiert werden, dass die Stoßöffnung in Hubrichtung orientiert ist und der Ring sich nicht in der Nut drehen kann. Das Beispiel in **Bild 2.27** zeigt Typ und Lage des Ringstoßes, geeignet für höchste Ablösedrehzahlen.

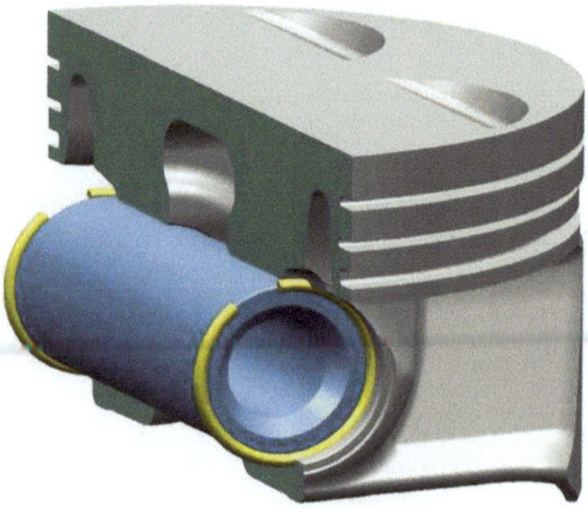

Bild 2.25: Pkw-Kolben mit Runddrahtsprengring Form C nach DIN 73130

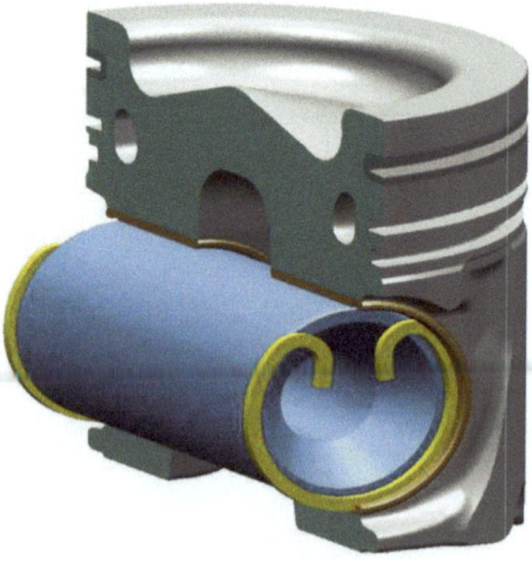

Bild 2.26: Dieselkolben mit Nabenbuchse und Flachdrahtsprengring

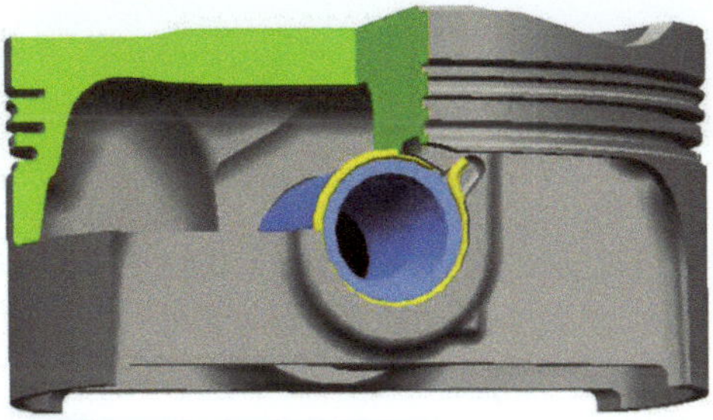

Bild 2.27:
Sprengring mit Haken nach außen für höchste Ablösedrehzahlen

Für große Kolbenbolzendurchmesser werden exzentrisch gestanzte Sicherungsringe nach DIN 472 und zunehmend Ringe aus Flachdraht mit Haken eingesetzt, siehe **Bilder 2.28a – c**. Sogenannte Ovalringe kommen bei Großkolben mit langen Kolbenbolzen zur Anwendung.

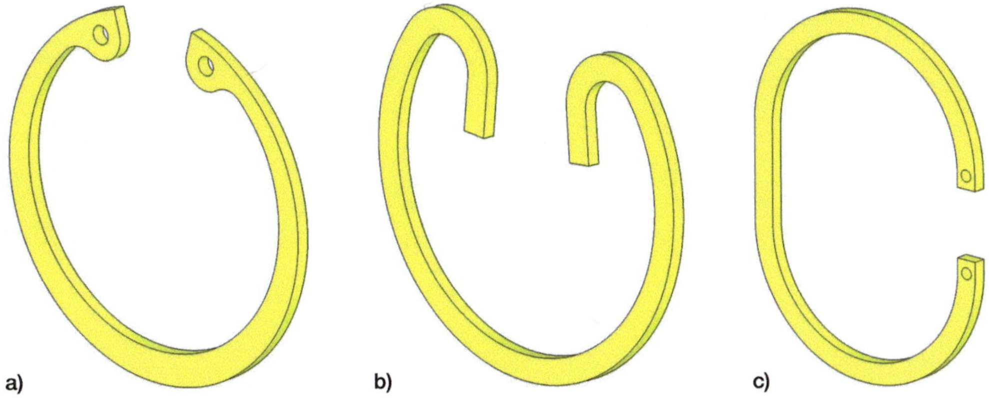

Bild 2.28: Sicherungsringe für große Kolbenbolzen:
a) Seegerring nach DIN 472, b) Flachdrahtring, c) Ovalring

Darüber hinaus können auch innenspannende Sicherungsringe nach DIN 471 verwendet werden. Diese Sicherungen werden in Nuten am Kolbenbolzenende montiert. Der Kolbenbolzen muss dann länger ausgeführt werden und ist daher gegenüber einem Design mit außenspannenden Sicherungsringen schwerer. Kolbenseitig entfällt die Sicherungsringnut in der Nabenbohrung. Die Herstellung der Nut am Kolbenbolzen ist aufwendig und mit höheren Kosten verbunden, weshalb dieser Form der Kolbenbolzensicherung nur noch sehr selten zur Anwendung kommt.

3 Gleitlager

3.1 Produktprogramm

Lager werden eingesetzt, um die Funktion der beweglichen Verbindung zwischen zwei Bauteilen sicherzustellen. Generell wird zwischen Wälz-, Gleit-, Luft-, Flüssig- oder Magnetlagern unterschieden. Das MAHLE Produktprogramm ist fokussiert auf Gleitlagerformen für motorische und motorperiphere Anwendungen.

3.1.1 Anwendungen

Gleitlager sind notwendig, um Oberflächen, die sich relativ zueinander bewegen, lokal zu trennen. Dies erfolgt durch einen viskosen Schmierfilm, der ein Druckfeld erzeugt, welches bei richtiger Gestaltung der Flächen und ihrer Relativbewegung auch sehr großen externen Belastungen standhält.
Die meisten Gleitlager des MAHLE Produktprogramms werden in Kraftfahrzeug-Motoren verwendet:

- Pleuellager für das große Pleuelauge (radial),
- Hauptlager (radial),
- Pass- oder Führungslager (radial und axial),
- Anlaufscheiben (axial),
- Pleuelbuchsen für das kleine Pleuelauge (radial).

Andere Anwendungen für MAHLE Gleitlager sind:

- Buchsen für Nockenwellen,
- Buchsen und Scheiben für andere Automobilsysteme, wie Getriebe.

Bild 3.1 zeigt die Vielfalt von Lagern, die in einem Motor verbaut werden.

3.1.2 Bauarten und Terminologie

Generell wird zwischen Zwei- und Dreistofflagern unterschieden. Zu den Zweistofflagern gehören Radialgleitlager, Buchsen und Anlaufscheiben. Sie bestehen in der Regel aus einer Stahlstützschale mit einer Beschichtung aus Aluminium- oder Bronzelegierung. Dreistofflager bestehen aus einer Stahlstützschale, beschichtet mit einer Aluminium- oder Bronzelegierung und darüber mit einer dünnen Laufschicht (galvanische, Polymer- oder Sputterschicht), die auch als Overlay bezeichnet wird. Gängige Lagerausführungen und Begriffe sind in den **Bildern 3.2 – 3.7** wiedergegeben.

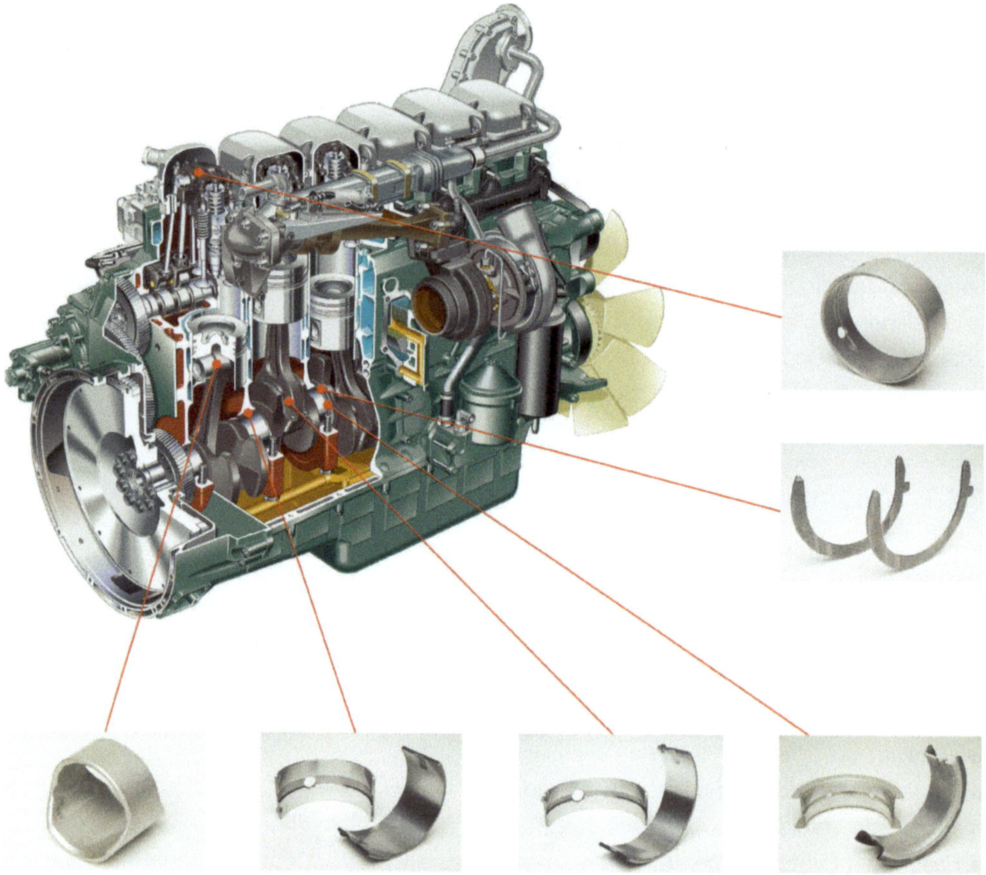

Bild 3.1: Gleitlageranwendungen in einem Verbrennungsmotor

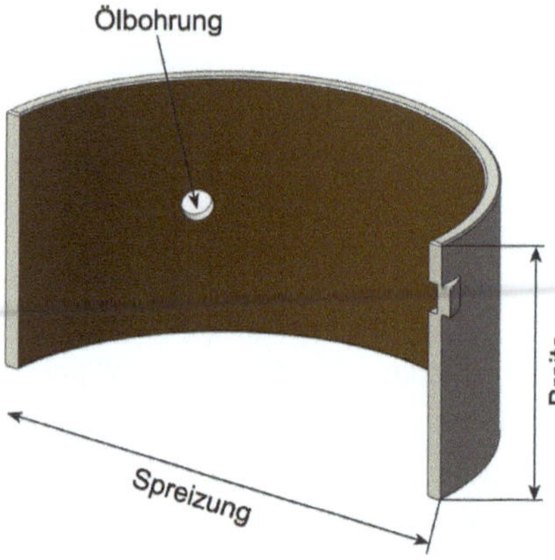

Bild 3.2: Pleuellagerschale

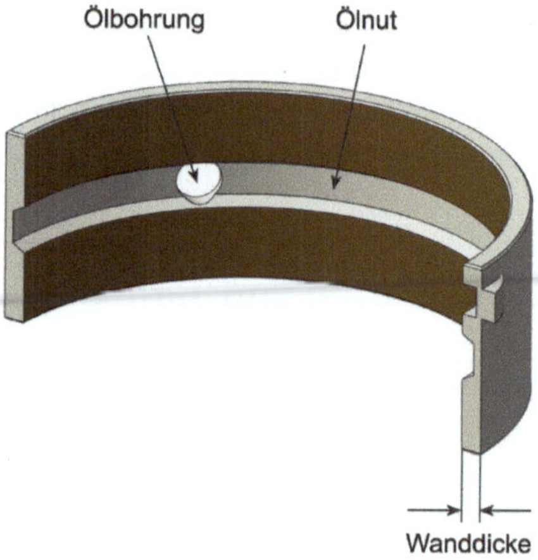

Bild 3.3: Hauptlagerschale (Kurbelwelle)

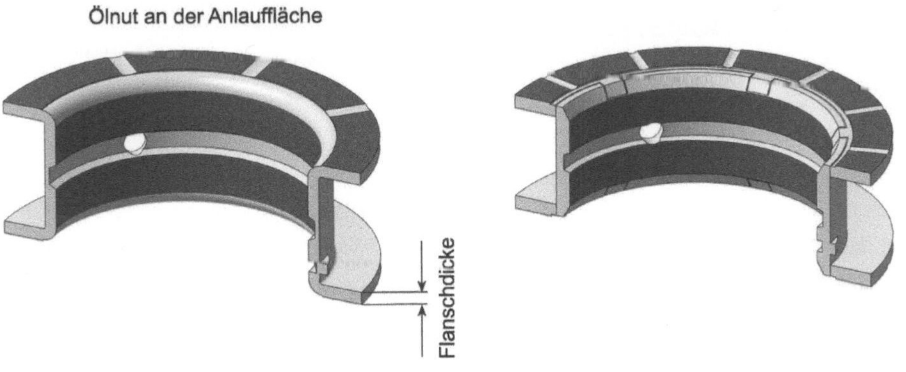

Bild 3.4: Passlager – Massivlager (starr) und dreiteilige Lager (flexibel)

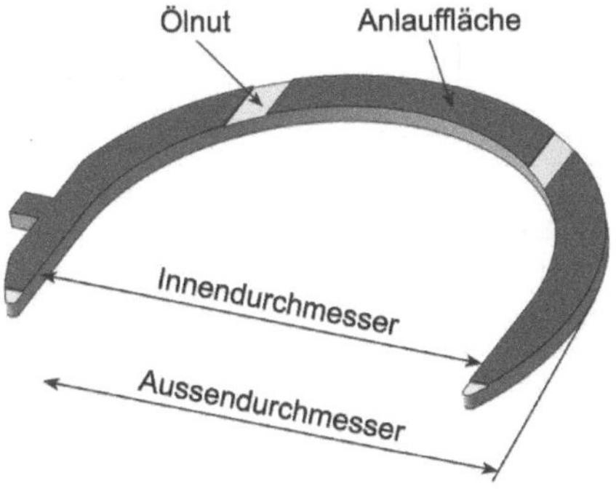

Bild 3.5:
Anlaufscheibe für Axiallagerung

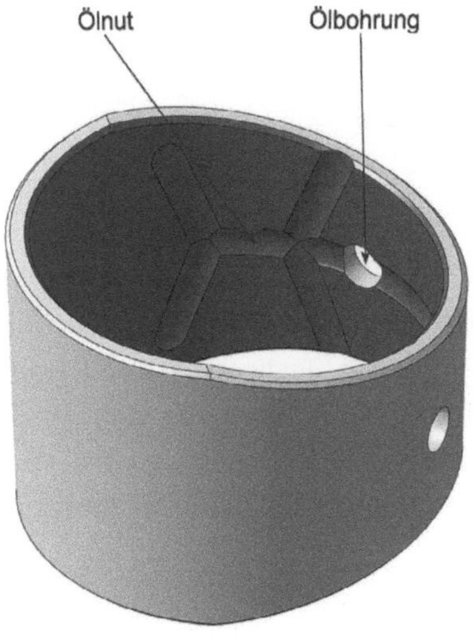

Bild 3.6: Pleuelbuchse

Bild 3.7: Nockenwellenbuchse

3.2 Konstruktionsrichtlinien

3.2.1 Eigenschaften

Voraussetzung für die richtige Werkstoffauswahl bezogen auf das Anwendungsprofil des Motors ist die Kenntnis der Materialeigenschaften. Die im Motor auftretenden Lagerbelastungen beschreiben das mechanische und tribologische Anforderungsprofil an das Lager. Die Werkstoffauswahl ist stets das Ergebnis eines Kompromisses zwischen allen Eigenschaften, die oft gegensätzlicher Natur sind. In Tabelle 3.1 werden wichtige Definitionen und Eigenschaften erläutert.

Tabelle 3.1: Wichtige Lagereigenschaften

Eigenschaft	Beschreibung
Belastbarkeit	Fähigkeit, mechanische Lasten dauerhaft zu ertragen
Verschleißfestigkeit	Beständigkeit des Werkstoffs gegen Gleitverschleiß
Fresssicherheit	Fähigkeit des Werkstoffs, im Grenzschmierbereich ohne Verschweißung mit dem Lagerzapfen zu laufen; sie hängt davon ab, ob weiche Phasen in der Werkstoffzusammensetzung vorhanden sind
Einbettfähigkeit	Fähigkeit des Werkstoffs, harte Partikel auf der Gleitfläche zuzulassen und zu absorbieren
Formfüllungsvermögen	Fähigkeit, geometrische Abweichungen, die lokale Kontakte verursachen, zu kompensieren
Korrosionsbeständigkeit	Fähigkeit, der Korrosion durch organische und mineralische Säuren aus der Verbrennung und der Oxidation von Schmiermitteln zu widerstehen

Die wichtigsten Eigenschaften werden für jeden Werkstoff beurteilt (Abschnitt 3.5) und als Hilfsmittel bei der Werkstoffauswahl verwendet.

3.2.2 Belastbarkeit

Die Belastbarkeit wird mittels eines sogenannten „Sapphire"-Prüfstandes (**Bild 3.8**) bestimmt. Der Prüfstand besteht aus einer motorgetriebenen exzentrischen Testwelle, die bei jeder Umdrehung einen Belastungsimpuls auf die Testlagerschale ausübt, wobei die Gegenkraft von einem hydraulischen Zylinder aufgebracht wird. Die Prüfung erfolgt unter geschmierten Bedingungen und ist temperaturkontrolliert. Die Testbedingungen sind in **Tabelle 3.2** wiedergegeben.

Mögliche Tests umfassen:

- Screening-Test – kurzer Wiederholungstest bei fixierter Belastung,
- L/N-Test – Abschätzung der Lastzyklen bis zur Schädigung bei einer konstanten Belastung,
- „Staircase"-Test – eine statistische Abschätzung der Belastbarkeit durch stufenweise Erhöhung.

Die dabei aufgeprägten Belastungen hängen von der für diesen Test standardisierten Lagerschalenbreite ab:

- 19,5 mm Breite – 70 bis 180 MPa
- 29,5 mm Breite – 50 bis 130 MPa

Tabelle 3.2: Testbedingungen des „Sapphire"-Belastbarkeitstests

Testbedingungen	
Schaftmaterial	Gehärteter Stahl
Schaftgeschwindigkeit	3.000 U/min
Belastung	~ 50 bis 180 MPa
Schmierstoff	Synthetic 46
Temperatur	110 °C
Testdauer	~ 3,6 Millionen Zyklen

Bild 3.8: „Sapphire"-Belastungsprüfstand

3.2.3 Verschleißfestigkeit

Die Verschleißfestigkeit wird mittels eines sogenannten „Viper"-Prüfstands bewertet (**Bild 3.9**). Der Prüfstand besteht aus einer exzentrischen Welle, gegen die das Testlager gedrückt wird. Die Hebelkraft entsteht über die Gewichtskraft eines Ballastkörpers und wird über einen Hebel übertragen. Die Schmierung erfolgt kontinuierlich über eine Düse. Der Massenverlust wird ermittelt und kann dann rechnerisch in einen Volumenverlust umgewandelt werden. Die Testbedingungen sind in **Tabelle 3.3** zusammengefasst.

Tabelle 3.3: Testbedingungen des Viper Verschleißfestigkeitstests

Testbedingungen	
Wellenmaterial	Gehärteter Stahl
Wellengeschwindigkeit	500 U/min
Belastung	0,04 MPa
Schmierstoff	Synthetic 46
Temperatur	120 °C
Testdauer	60 Minuten

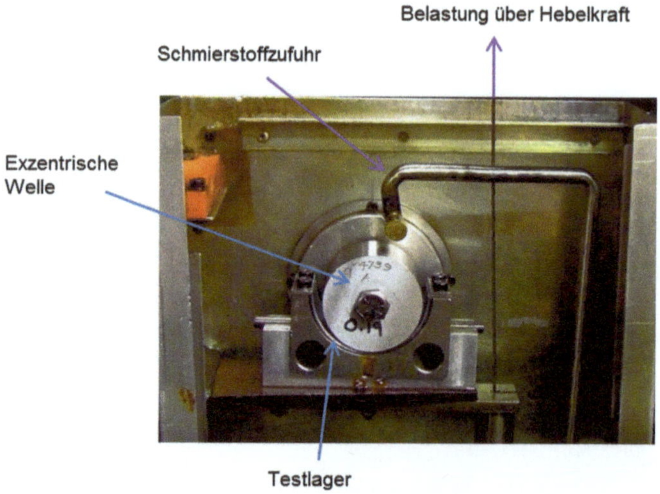

Bild 3.9: „Viper"-Verschleißfestigkeitsprüfstand

3.2.4 Start/Stopp-Applikationen

Zur Beurteilung der Belastbarkeit und Verschleißfestigkeit unter dynamischen Schmierbedingungen, wie sie insbesondere in Verbindung mit Start/Stopp-Applikationen auftreten, wurde ein „Sapphire"-Prüfstand dahingehend erweitert, dass Belastung und Geschwindigkeit durch einen Computer geregelt werden können (**Bild 3.10**). Der Prüfstandsmotor wurde so program-

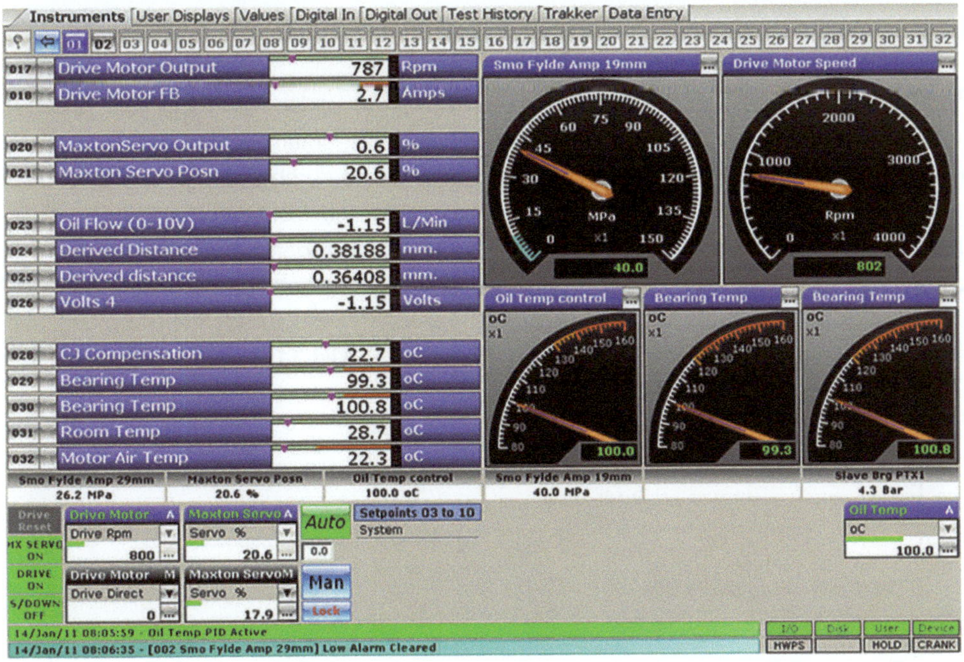

Bild 3.10: Kontrolle des automatisierten „Sapphire"-Prüfstands

miert, dass er aus einer Drehzahlsteigerung bestehende Zyklen, gefolgt von einer Beharrungsphase durchführt und die Drehzahl anschließend erneut auf 0 reduziert. Dieser Zyklus wird mit einer definierten Anzahl an Wiederholungen fortgeführt. Die Geschwindigkeitsänderung bewirkt eine Änderung des Schmierregimes und beschleunigt so den Verschleiß. Der Prüfstand ist voll instrumentiert und umfasst einen kapazitativen Verschleißsensor zur Messung der Verschleißdaten (**Bild 3.11**).

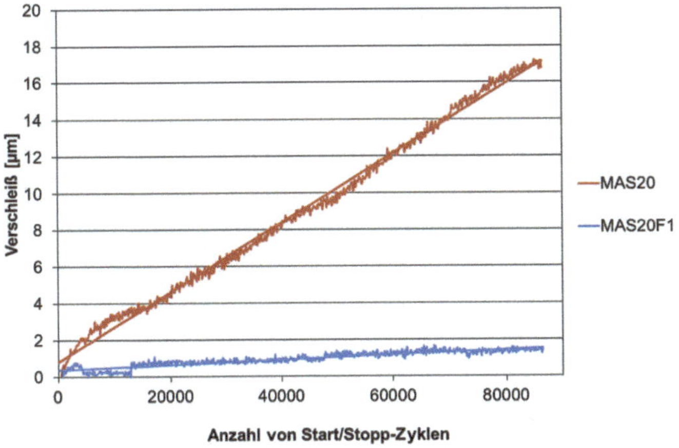

Bild 3.11: „Sapphire"-Test Verschleißmessung über eine Anzahl von durchgeführten Start/Stopp-Zyklen

3.2.5 Fresssicherheit

Eine Möglichkeit zur Bewertung der Fresssicherheit von verschiedenen Lagermaterialien ist ein Test, bei dem die Ausbildung eines Schmierfilms gezielt unterbrochen wird. Dieser Test wird ebenfalls mittels eines erweiterten „Sapphire"-Prüfstands durchgeführt, indem eine linear zunehmende Belastung aufgebracht wird. Weiterhin weist die Testwelle eine Einkerbung in axialer Richtung auf. Die daraus resultierende Störwirkung verhindert die Ausbildung des hydrodynamischen Schmierfilms. Der Prüfstand ist mit der entsprechenden Messtechnik ausgerüstet, um den Ausfallzeitpunkt des Lagers zu detektieren. Die anliegende Belastung, das erste Fressereignis und Fressbeginn werden aufgezeichnet (**Bild 3.12**).

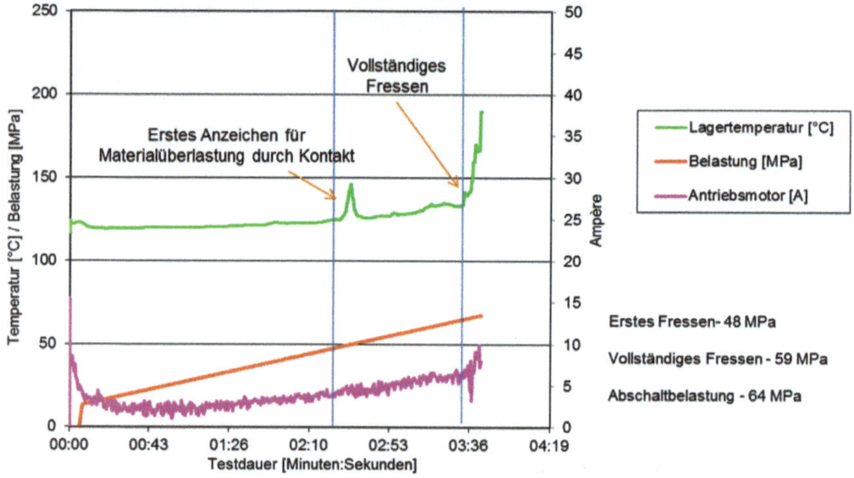

Bild 3.12: „Sapphire"-Fresssicherheitstest

3.2.6 Einbettfähigkeit

Die Einbettfähigkeit eines Lagermaterials wird getestet, indem dem Lager gezielt Partikel einer definierten Größe und Härte zugeführt werden. Dazu wird ein Schmierstoff mit einer definierten Menge an Partikeln kontaminiert und durch die Gewichtskraft eines Ballastkörpers in die Lageroberfläche eingeprägt (**Bild 3.13**). Anschließend wird ein Abdruck (**Bild 3.14**) angefertigt, in dem die eisenhaltigen Partikel chemisch sichtbar gemacht werden. Der Abdruck wird gescannt und digitalisiert. Ein Bildbearbeitungsalgorithmus wird zur Auswertung der Größe, Anzahl und Gesamtfläche der eingebetteten Partikel herangezogen. Diese Resultate werden dann genutzt, um verschiedene Lagermaterialien anhand eines Einbettfähigkeitsindexes zu vergleichen.

Bild 3.13: Einbettfähigkeits-Prüfstand

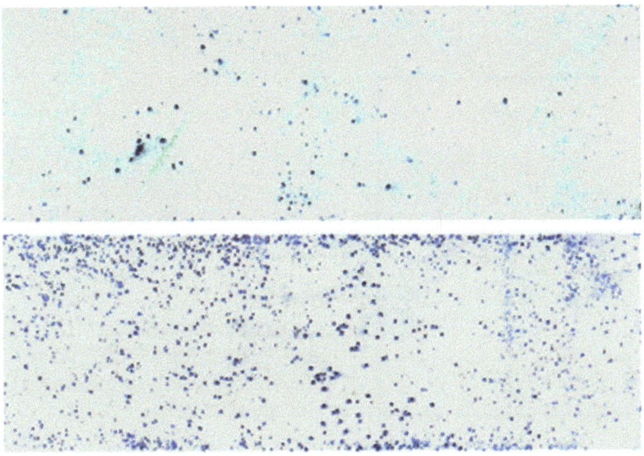

Bild 3.14:
Exemplarische Eisenabdrücke der Lageroberfläche nach einer Partikeleinbettung

3.3 Lagergeometrie

3.3.1 Lagerdurchmesser und Lagerbreite

Die Größen „maximaler Druck im Ölfilm" (Peak Oil Film Pressure, POFP) und „minimale Ölfilmdicke" (Minimum Oil Film Thickness, MOFT) sind stark abhängig vom Lagerdurchmesser und der Lagerbreite. Das Breite/Durchmesser-Verhältnis B/D beeinflusst die Betriebseigenschaften des Lagers. Eine größere Lagerbreite verringert den Spitzendruck im Ölfilm und erhöht die minimale Ölfilmdicke. Ein größerer Durchmesser hat den gleichen Effekt. Bei einer gegebenen projizierten Lagerfläche erfährt das Lager mit dem höheren B/D-Verhältnis niedrigere Ölfilmdrücke, größere minimale Ölfilmdicken und somit günstigere Beanspruchungsbedingungen.

3.3.2 Nuten und Bohrungen

Durch Nuten und Bohrungen gelangt das Schmieröl in die Lager. Unabhängig davon haben sie einen großen Einfluss auf die Funktion der Gleitlager. Sie sind in belasteten Bereichen unerwünscht, da sie die nutzbare Tragfläche des Lagers reduzieren und dadurch den maximalen Ölfilmdruck erhöhen und die minimale Ölfilmdicke reduzieren. Bei ungünstiger Lage der Nuten und Bohrungen besteht eine erhöhte Gefahr eines Oberflächenkontakts der Gleitpartner oder der Kavitationsschädigung des Lagermaterials.

3.3.3 Lagerspiel

Das Lagerspiel hat eine zweifache Wirkung auf die Eigenschaften des Ölfilms. Einerseits werden bei kleinem Spiel die Lasten besser verteilt, da die im Betrieb auftretende elastische Lagerzapfenverformung fast der Lagerkrümmung entspricht und einen niedrigeren maximalen Ölfilm-

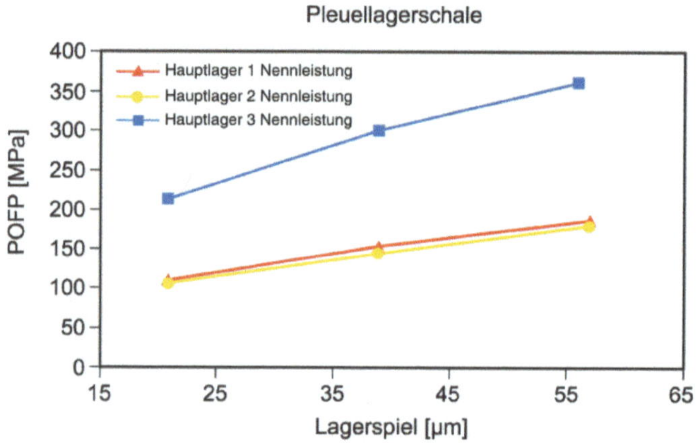

Bild 3.15: Abhängigkeit des maximalen Ölfilmdrucks POFP vom Lagerspiel bei verschiedenen Nennleistungen

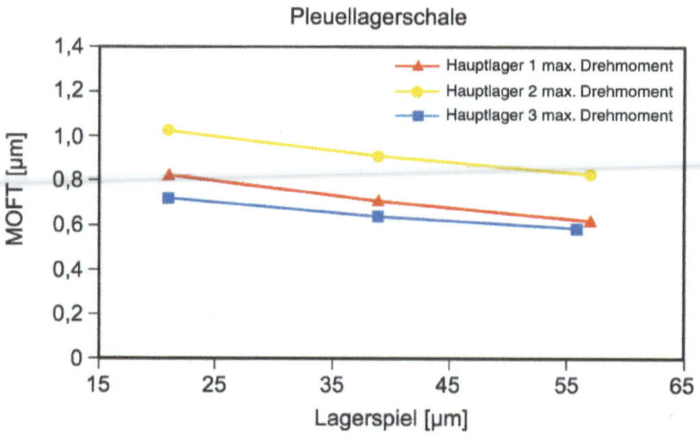

Bild 3.16: Abhängigkeit der minimalen Ölfilmdicke MOFT vom Lagerspiel

druck erzeugt. Andererseits bewirken niedrige Spiele größere Wärmeerzeugung, wodurch sich die Ölviskosität verringert. Der maximale Ölfilmdruck POFP steigt in etwa proportional mit größerem Spiel an (**Bild 3.15**), die minimale Ölfilmdicke MOFT nimmt ab (**Bild 3.16**).

3.3.4 Lager- und Buchsensitz

Ein richtig ausgelegter Sitz des Lagers in seinem Gehäuse gewährleistet einen sicheren Halt und einen guten Wärmeübergang aufgrund der radialen Verspannung. Erreicht wird dies durch die korrekte Auslegung der Überdeckung des Lagers. Bei Lagerschalen wird diese Überdeckung durch den Überstand der Trennfugenhöhe über dem Gehäuseradius erzeugt. Bei Buchsen ergibt sie sich aus der Durchmesserdifferenz zwischen der Buchse und der Bohrung (**Bild 3.17**).

In der Vergangenheit wurden zur Validierung der Auslegung Grenzmuster mit minimalen und maximalen Überständen gefertigt, zusammengebaut und experimentell vermessen. Heute erfolgt diese Anpassung sehr viel schneller mit entsprechenden Berechnungsmethoden (siehe Abschnitt 3.4.4).

Exzentrizität

Die Lagerexzentrizität ist der Unterschied zwischen dem vertikalen und dem horizontalen Durchmesser. Die Exzentrizität hilft bei der Erzeugung hinreichender Ölfilmdicken, aber auch beim Vermeiden eines stärkeren Kontaktes des Lagerzapfens mit der Gleitfläche, wenn sich

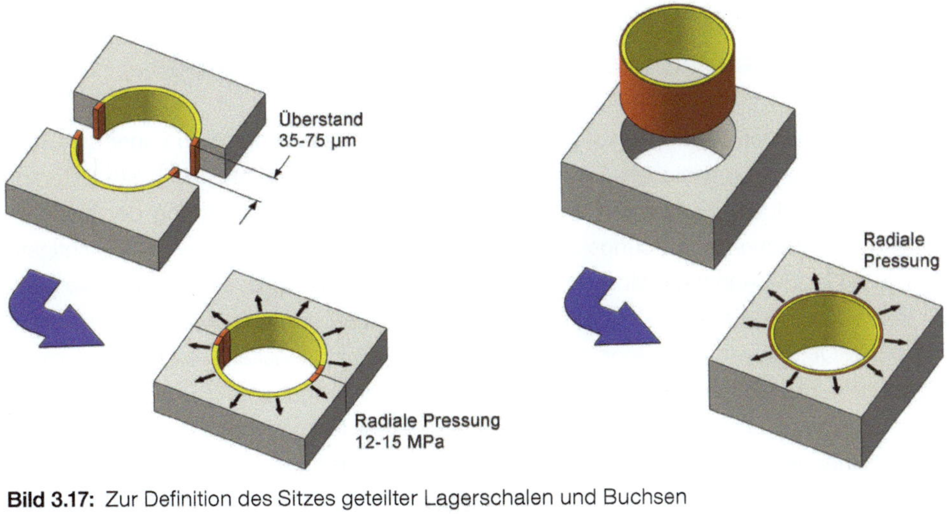

Bild 3.17: Zur Definition des Sitzes geteilter Lagerschalen und Buchsen

die Pleuelstange während der Beharrungsphase im Verbrennungszyklus an die Trennlinie annähert. Eine Simulation der elasto-hydrodynamischen Schmierung (EHL) mit einem speziellen Berechnungsprogramm ermöglicht die Wahl der optimalen Exzentrizität für jede Anwendung.

3.4 Numerische Simulation

Während der Entwicklung einer Motorkomponente spielen Zeit und Kosten eine wichtige Rolle. Daher wurde viel Aufwand in die Entwicklung von Berechnungsmethoden investiert, um die Komponenten zu bewerten und an die Ergebnisse anzupassen, bevor mit Versuchen begonnen wird. Es steht ein selbstentwickeltes Softwarepaket mit dem Namen SABRE (Software for Analysis of Bearings in Reciprocating Engines) zur Verfügung, um das Verhalten von Lagern, Buchsen und Anlaufscheiben im Zusammenhang mit Montage- und Betriebsparametern zu simulieren. Hierbei wird zwischen zwei Hauptanwendungsfällen unterschieden:

- „Routine“-Simulationen für die schnelle Analyse von Lageranwendungen (Rechenzeiten von Sekunden bis Minuten),
- „Spezialisierte“-Simulationen für die detaillierte Analyse von Lageranwendungen (Rechenzeiten von Stunden, Tagen oder Wochen).

Um Vorteile aus der Simulationserfahrung zu ziehen (z. B. für die Erstellung von Richtlinien), werden die Simulationsergebnisse in einer Datenbank (SABRE-DB) gespeichert und dann zur Validierung neuer Designs durch Vergleiche mit bekannten Lösungen herangezogen.

3.4.1 Hydrodynamische Schmierung (Mobility-Methode)

Neben der Belastungsberechnung wird die Bewegung des Lagerzapfens im Lager simuliert. Hierfür wird die zweidimensionale Reynolds-Gleichung numerisch mit der Finite-Differenzen-Methode gelöst. Die Ergebnisse werden anschließend unter Verwendung der Mobility-Methode in numerischen Anpassungskurven zusammengefasst. Die in diesem Fall wichtigste Vereinfachung ist die Annahme eines starren und zylindrischen Gehäuses. Die Hauptergebnisse dieser Simulation sind die maximale spezifische Lagerbelastung (MSL), die minimale Ölfilmdicke (MOFT) sowie ein Faktor zur Aussage der Kontaktintensität unter verschiedenen Betriebsbedingungen (PeakDCR Severity). Die notwendigen Angaben zur Durchführung der Untersuchung bestehen aus den Betriebsparametern des Motors, den Kurbelwellen- und Lagergeometrien sowie den Eigenschaften des Schmierstoffes, die sehr von den effektiven Betriebstemperaturen des Lagers abhängen. Eine entsprechende Wärmebilanz (**Bild 3.18**)

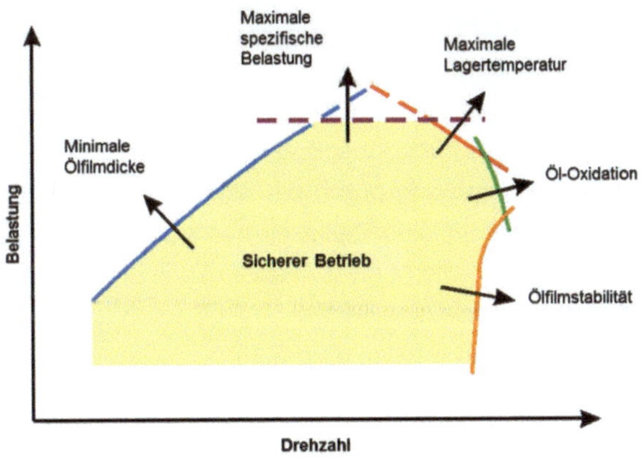

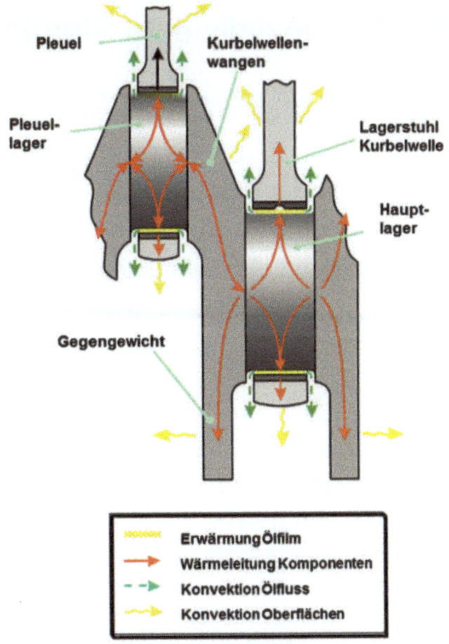

Bild 3.18: Sicherer Betriebsbereich und „Wärmebilanz" zur Abschätzung der Lagertemperatur

wird deshalb für all diejenigen Lager benötigt, die iterativ durch Anwendung der Reynolds-Gleichung-Mobilitätsmethode gelöst werden sollen.

Die Berechnungsergebnisse können u. a. in Form von Polardiagrammen für die Belastungen und als Verlagerungsbahnen des Lagerzapfens dargestellt werden. Darüber hinaus sind auch Darstellungen zur Analyse des Ölfilmdrucks und der Ölfilmdicke während des gesamten Motorzyklus möglich und erlauben eine Bewertung der möglichen Kontakt- und Verschleißrisiken (**Bild 3.19**).

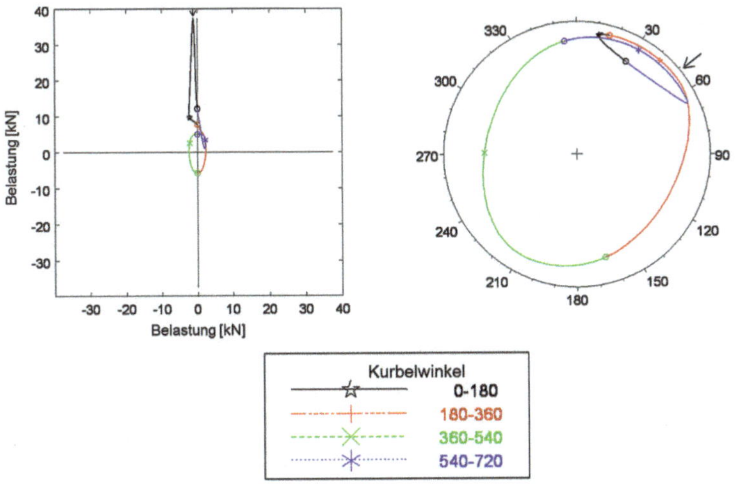

Bild 3.19: Beispielhafte Analyse eines Kurbelwellenlagers mittels SABRE-M

3.4.2 Spezialisierte Simulationen (TEHL)

Zur Erzielung genauerer Ergebnisse wird das gleiche Modell für die Simulation der hydrodynamischen Schmierung verwendet, jedoch unter Berücksichtigung der Gehäusedeformation infolge der Belastung des Lagers und der Erwärmung durch die Scherarbeit im Ölfilm (Thermo-Elasto-Hydrodynamic-Lubrication oder TEHL). Die Steifigkeit der Kurbelwelle, des Gehäuses und der Gehäuseform wird mit einem Finite-Elemente-Modell ermittelt und zusätzlich in das Programm eingegeben. Damit können noch detailliertere Ergebnisse hinsichtlich der Ölfilmdicke und des maximalen Ölfilmdrucks erzielt werden (**Bild 3.20**).

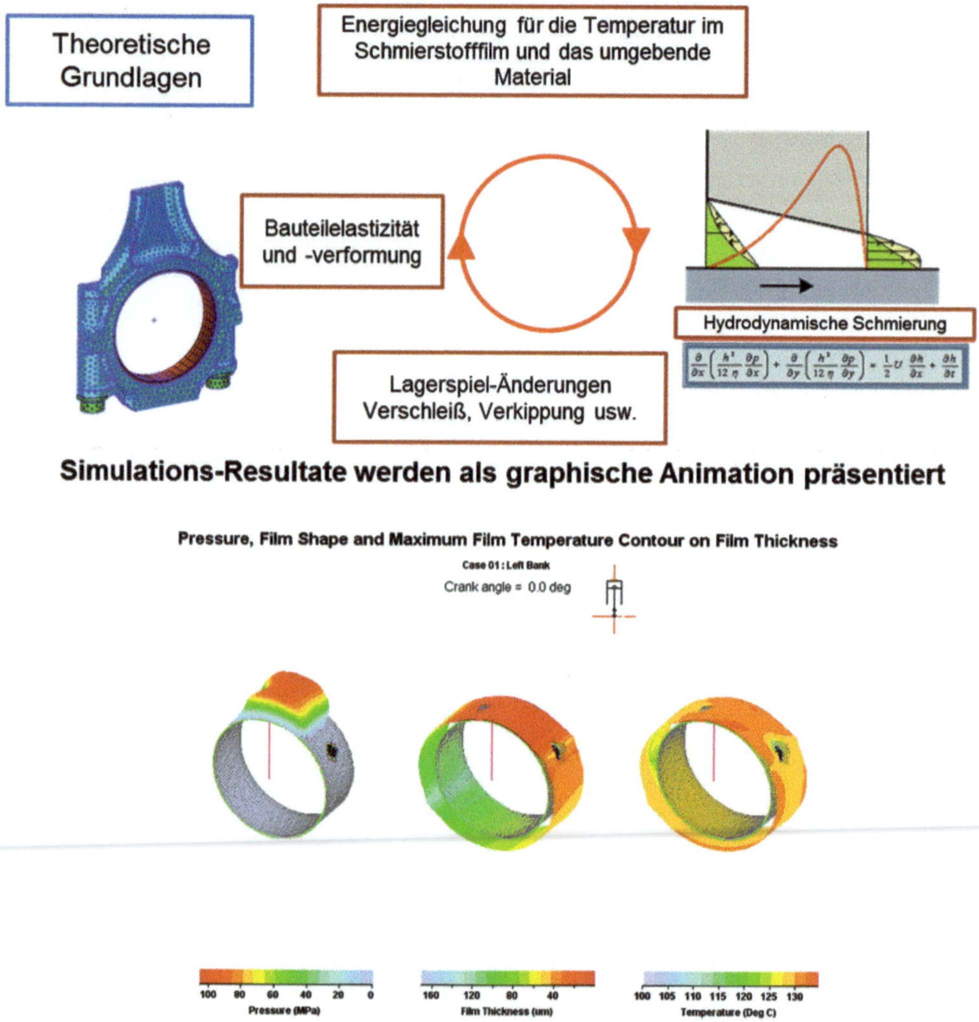

Bild 3.20: Zusammenfassung einer SABRE-TEHL-Berechnung und Beispiel für eine Animation des Ölfilmdrucks, der Ölfilmform und -temperatur

Bei Verwendung der elasto-hydrodynamischen Theorie wird eine Schmierung angenommen, die nicht nur den hydrodynamischen, sondern auch den zum metallischen Kontakt führenden Druck berücksichtigt.

Bewertungskriterien für diese Berechnungsergebnisse umfassen den Verschleiß, den maximalen Ölfilmdruck, den Leistungsverlust, den Ölfluss und die maximale Temperatur.

3.4.3 Zusätzliche CFD-Simulationen

Zusätzlich zur zuvor beschriebenen TEHL-Methode werden gelegentlich weiterführende Berechnungen benötigt, um die Umgebung außerhalb des Lagerspalts und die Materialeinflüsse besser zu verstehen. Ein wichtiges Werkzeug ist in diesem Zusammenhang die numerische Strömungssimulation (Computational Fluid Dynamic oder CFD) zur Berechnung des Ölflusses aus der Galerie durch die Schmiernuten der Hauptlager und durch die Kurbelwellenbohrungen zum Pleuellager im großen Pleuelauge. Bei hohen Umdrehungszahlen oder niedrigem Versorgungsdruck in der Galerie können sich beispielsweise in den Kurbelwellenbohrungen Blasen bilden, die eine Schmierstoffunterversorgung des großen Pleuelauges nach sich ziehen. Die CFD-Technik ist weiterhin hilfreich zur Bewertung verschiedener Nutgeometrien und zur Beurteilung des Fressrisikos aufgrund von Schmierstoffunterversorgung (**Bild 3.21**).

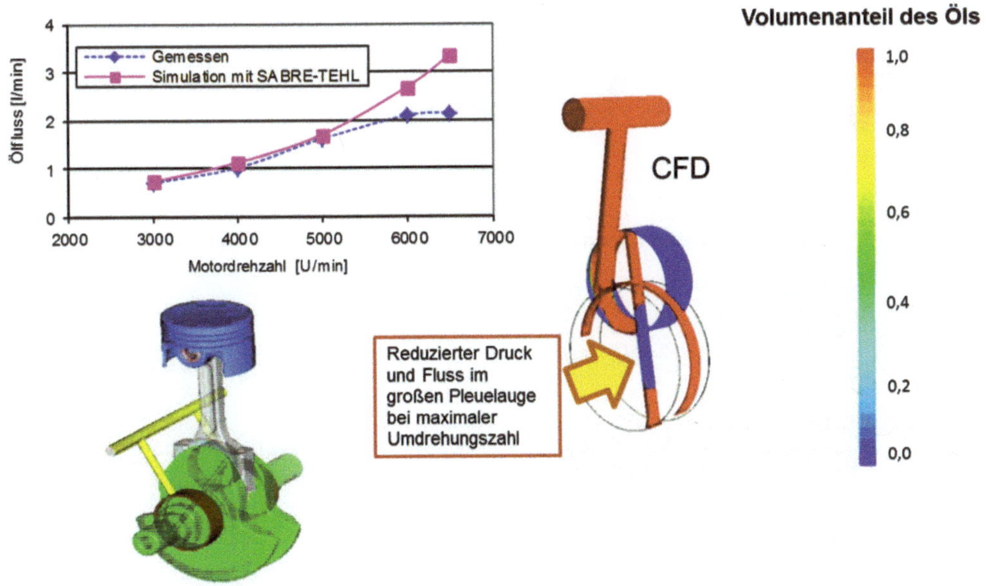

Bild 3.21: CFD-Berechnung zur Überprüfung des Öltransports zwischen Lagerstellen – Blasenbildung in der Kurbelwellenbohrung

3.4.4 Überdeckungs- und Montage-Simulationen

Das Verhalten der Lager und Buchsen hängt davon ab, wie sicher diese Komponenten in ihren Gehäusen eingebaut sind. Ein ordnungsgemäßer Sitz gewährleistet den sicheren Halt des Bauteils und einen entsprechenden Wärmeübergang sowie ein optimales Lagerspiel. Die Routine-Simulation basiert auf der Theorie massiver Zylinder und nutzt eine automatisierte Finite-Element-Methode (FEM) innerhalb eines maßgeschneiderten Analyseprogramms mit dem Namen SABRE-FIT-FEA. Die Eingabedaten bestehen aus den geometrischen Merkmalen der Baugruppe, des Gehäuses und den Eigenschaften des Lagerwerkstoffs sowie den Betriebstemperaturen. Ergebnis sind Spannungen und diametrale Überdeckungen bzw. Spiele bei unterschiedlichen Temperaturen.
Für Hauptlager kann auch eine spezielle FEM-Simulation genutzt werden, um den Einfluss von Gehäuse-Schmiernuten und des Motorblocks zu untersuchen (**Bild. 3.22**).

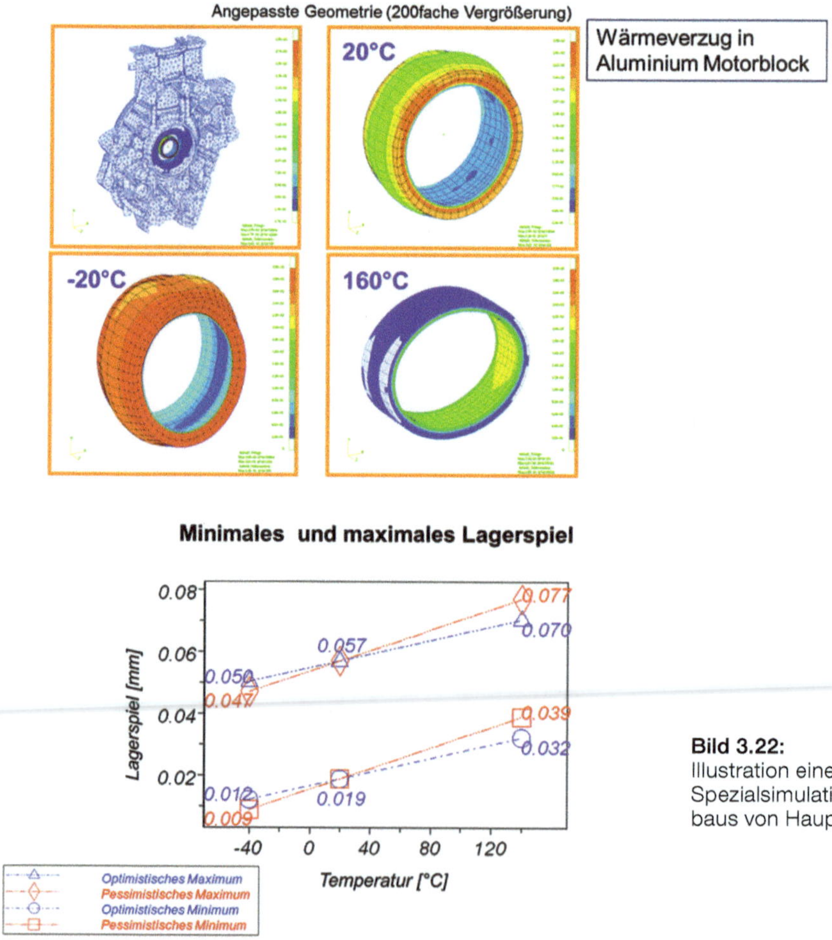

Bild 3.22:
Illustration einer Routine- und Spezialsimulation des Einbaus von Hauptlagern

3.5 Werkstoffe

Auswahlkriterien für die Lagerwerkstoffe sind die Belastung und die zulässige Beanspruchung des Werkstoffs. Die Grenzen der Belastbarkeit werden für jeden Werkstoff auf der Grundlage von Simulationen, Prüfstands- und Motorversuchen festgelegt. Sie sind für Hauptlager aufgrund möglicher Fluchtungsfehler niedriger.

Bei Axiallagern basiert die Auswahl des Werkstoffs auf einer empirischen Berechnung und berücksichtigt geometrische und Werkstofffaktoren.

Zusammensetzung und Eigenschaften von Lagerwerkstoffen

Tabelle 3.4: Aluminiumlegierungen

Bezeichnung	Chemische Zusammensetzung der Basislegierung [%]					Anwendung/ Eigenschaften	Prozess	Minimale Härte (Legierung/ Stahlstützschale)	Spezifische Lagerbelastbarkeit [MPa]	Aufbau
	Al	Sn	Si	Cu	andere					
MAS 19	89	6	2	1	Ni 1 Mn < 1 V < 1	Gleitlager, Lagerbuchsen und Anlaufscheiben; mittlere Belastbarkeit mit hoher Verschleißbeständigkeit und Einbettfähigkeit	Gegossene Aluminiumlegierung auf Stahl walzplattiert	MAS 19: 45 – 62 HV_{1-5} Stahl: 155 – 235 HV_{10}	65	Zweistoff-Material mit feiner Ausbildung der Zinnphase in einer Aluminium-Matrix, verbunden mit einer Aluminium-Zwischenschicht und auf eine kohlenstoffarme Stahlstützschale walzplattiert
MAS 20	89	6	2	1	Ni 1 Mn < 1 V < 1	Gleitlager, Lagerbuchsen und Anlaufscheiben; hohe Belastbarkeit mit hoher Verschleißbeständigkeit und Einbettfähigkeit	Gegossene Aluminiumlegierung auf Stahl walzplattiert	MAS 20: 58 – 72 HV_{1-5} Stahl: 155 – 235 HV_{10}	75	Zweistoff-Material mit feiner Ausbildung der Zinnphase in einer Aluminium-Matrix mit einer AlCu-Zwischenschicht auf eine kohlenstoffarme Stahlstützplatte walzplattiert

Tabelle 3.5: Legierungen aus gegossener Bronze (Gleitschichten siehe Tabelle 3.6)

Bezeichnung	Chemische Zusammensetzung der Basislegierung [%]				Anwendung/ Eigenschaften	Prozess	Minimale Härte (Legierung/ Stahlstützschale)	Spezifische Lagerbelastbarkeit [MPa]	Aufbau
	Cu	Pb	Sn	andere					
MCB 1	78	20	2		Lagermaterial für Dreistoff-Lager	Blei-Bronzelegierung auf Stahl gegossen	MCB 1: 70 – 110 HV_5 Stahl: 121 – 195 HV_{10}	Siehe Obergrenze der Gleitschicht	Zweistoff-Material, im Grundwerkstoff Kupfer-Zinn, auf Stahl gegossen
MCB 2	75	23	2		Lagermaterial für Dreistoff-Lager	Blei-Bronzelegierung auf Stahl gegossen	MCB 2: 40 – 95 HV_5 Stahl: 115 – 230 HV_{10}	Siehe Obergrenze der Gleitschicht	Zweistoff-Material, im Grundwerkstoff Kupfer-Zinn, auf Stahl gegossen
MCB 5	80	10	10		Lagermaterial für Pleuelbuchsen	Blei-Bronzelegierung auf Stahl gegossen	MCB 5: 95 – 160 $HV_{2,5-5}$ Stahl: 90 – 215 HV_{10}	130	Zweistoff-Material, im Grundwerkstoff Kupfer-Zinn, auf Stahl gegossen
MCB 17	91		4	Bi 4 Ni 1	Bleifreies Lagermaterial für Dreistoff-Lager mit galvanisch aufgerbrachter Gleitschicht oder Polymergleitschicht	Bleifreie Bronze auf Stahl gegossen	MCB 17: 76 – 125 HV_5 Stahl: 145 – 240 HV_{10}	Siehe Obergrenze der Gleitschicht	Zweistoff-Material mit Bismut, im Grundwerkstoff Kupfer-Zinn, auf Stahl gegossen
MCB 18	95		4	Bi 4	Bleifreies Lagermaterial für Dreistoff-Lager mit Sputter-Gleitschicht	Bleifreie Bronze auf Stahl gegossen	MCB 18: 80 – 140 HV_5 Stahl: 120 – 220 HV_{10}	Siehe Obergrenze der Gleitschicht	Zweistoff-Material mit Bismut, im Grundwerkstoff Kupfer-Zinn, auf Stahl gegossen
MCB 20	91		8	Ni 1	Bleifreies Lagermaterial für Pleuelbuchsen	Bleifreie Bronze auf Stahl gegossen	MCB 20: 120 – 195 $HV_{2,5-5}$ Stahl: 100 – 180 HV_{10}	Siehe Obergrenze der Gleitschicht	Zweistoff-Material, im Grundwerkstoff Kupfer-Zinn, auf Stahl gegossen
MCB 25	87		8	Bi 4 Ni 1	Bleifreies Lagermaterial für Pleuelbuchsen mit verbesserter Korrosions- und Fressbeständigkeit	Bleifreie Bronze auf Stahl gegossen	MCB 25: 120 – 195 $HV_{2,5-5}$ Stahl: 100 – 180 HV_{10}	Siehe Obergrenze der Gleitschicht	Zweistoff-Material, im Grundwerkstoff Kupfer-Zinn, auf Stahl gegossen

Tabelle 3.6: Gesinterte Bronzelegierungen

Bezeichnung	Chemische Zusammensetzung der Basislegierung [%]				Anwendung/ Eigenschaften	Prozess	Minimale Härte (Legierung/ Stahlstützschale)	Spezifische Lagerbelastbarkeit [MPa]	Aufbau
	Cu	Pb	Sn	andere					
MSB 10	80	10	10		Standardbronze für Buchsen	Blei-Bronzelegierung auf Stahl gesintert	MSB 10: 70 – 165 HV_5 Stahl: 105 – 165 HV_{10}	130	Zweistoff-Material mit gleichmäßig ausgebildeter Bleiphase, im Grundwerkstoff Kupfer-Zinn, auf Stahl gesintert
MSB 20	91		8	Ni 1	Gesintertes bleifreies Material für Buchsen mit erhöhter Korrosionsbeständigkeit	Bleifreie Bronzelegierung auf Hartstahl gesintert	MSB 20: 73 – 87 HV_5 Stahl: 105 – 165 HV_{10}	150	Bleifreies Kupfer-Zinn Zweistoff-Material, auf Stahl gesintert
MSB 21	91		8	Ni 1	Gesintertes bleifreies Dreistoff-Lagermaterial für Polymerlaufschichten	Bleifreie Bronzelegierung auf Hartstahl gesintert	MSB 21: 95 – 200 HV_5 Stahl: 170 – 220 HV_{10}	Siehe Obergrenze der Gleitschicht	Bleifreies Kupfer-Zinn Zweistoff-Material, auf Hartstahl gesintert
MSB 30	87		8	Bi 3 Ni 1 $Al_2O_3 < 1$	Gesintertes bleifreies Material für Buchsen mit erhöhter Korrosions- und Verschleißbeständigkeit	Bleifreie Bronzelegierung auf Hartstahl gesintert	MSB 30: 95 – 200 HV_5 Stahl: 105 – 165 HV_{10}	150	Bleifreies Kupfer-Zinn Zweistoff-Material, auf Stahl gesintert

Tabelle 3.7: Galvanische Laufschichten (Gleitschichten)

Bezeichnung	Chemische Zusammensetzung der Basislegierung [%]						Anwendung/ Eigenschaften	Prozess	Spezifische Lagerbelastbarkeit [MPa]	Aufbau
	Pb	Sn	Cu	In	Al	andere				
P 3	87	10	3	1			Bleibasierte Gleitschicht für weniger anspruchsvolle Applikationen	Galvanische Aufbringung	70	Galvanisch aufgebrachte Bleischicht mit homogen verteiltem Kupfer-Zinn; mit Nickel-Zwischenschicht
P 5	85	10	5				Bleibasierte Gleitschicht mit verbesserter Verschleißfestigkeit	Galvanische Aufbringung	75	Galvanisch aufgebrachte Bleischicht mit homogen verteiltem Kupfer-Zinn; mit Nickel-Zwischenschicht

Bezeichnung	Chemische Zusammensetzung der Basislegierung [%]						Anwendung/ Eigenschaften	Prozess	Spezifische Lagerbelastbarkeit [MPa]	Aufbau
	Pb	Sn	Cu	In	Al	andere				
P 9	81	10	9				Höhere Belastbarkeit für bleihaltige Gleitschichten	Galvanische Aufbringung	80	Galvanisch aufgebrachte Bleischicht mit homogen verteiltem Kupfer-Zinn; mit Nickel-Zwischenschicht
Q 1	92			8			Hochbeanspruchte Benzin- und Dieselmotoren	Galvanische Aufbringung	85	Galvanisch aufgebrachte Bleischicht mit homogen verteiltem Indium
C 1	88	11				Al_2O_3 1%	Gleitschicht mit erhöhter Verschleißfestigkeit für Pkw-Dieselmotoren	Galvanische Aufbringung	80	Galvanisch aufgebrachte Bleischicht mit homogen verteiltem Aluminiumoxid und lokalen Zinn-Anreicherungen; mit Nickel-Zwischenschicht
C 2	75	10		14		Al_2O_3 1%	Höhere Belastbarkeit und Verschleißbeständigkeit für Pkw-Dieselmotoren	Galvanische Aufbringung	90	Galvanisch aufgebrachte Blei-Indium-Schicht mit homogen verteiltem Aluminiumoxid, und lokalen Zinn-Anreicherungen; mit Nickel-Zwischenschicht
T 5		99				1	Bleifreie galvanisch aufgebrachte Schicht für Schwerlastanwendungen	Galvanische Aufbringung	85	Galvanisch aufgebrachte Zinn-Schicht mit feinkörniger Struktur; mit Nickel-Zwischenschicht

Tabelle 3.8: Polymer-Laufschichten (Gleitschichten)

Bezeichnung	Chemische Zusammensetzung der Basislegierung [%]	Anwendung/ Eigenschaften	Prozess	Spezifische Lagerbelastbarkeit [MPa]	Aufbau
F1, F2, F3	PAI-Polymermatrix Metall-Partikel Festschmierstoff	Bleifreie Polymer-Laufschicht für Start/Stopp-Anwendungen mit hoher Verschleißfestigkeit und Fresssicherheit	Polymer	85 – 105	Polymerschicht mit einer homogenen Verteilung von Metall-Partikeln und Festschmierstoff

Tabelle 3.9: Sputter-Laufschichten (Gleitschichten)

Bezeichnung	Chemische Zusammensetzung der Basislegierung [%]						Anwendung/ Eigenschaften	Prozess	Spezifische Lagerbelastbarkeit [MPa]	Aufbau
	Pb	Sn	Cu	In	Al	andere				
S1		40	1		59		Sputter-Gleitschicht für Pkw-Dieselmotoren	Sputter	110	Sputter-Aluminum-Kupferschicht mit feiner homogen verteilter Zinnphase; mit Nickel-Chrom-Zwischenschicht
S2		30	1		69		Sputter-Gleitschicht für hochbelastete Pkw-Anwendungen	Sputter	130	Sputter-Aluminum-Kupferschicht mit feiner homogen verteilter Zinnphase; mit Nickel-Chrom-Zwischenschicht
S3		40	1		59		Hochbeanspruchte Dieselmotoren für Pkw	Sputter	130	Sputter-Aluminum-Kupferschicht mit feiner homogen verteilter Zinnphase, mit Aluminium-Zinn-Zwischenschicht
S10 (1. Zwischenschicht – 2. Zwischenschicht-Laufschicht)		6	1		90	Ni 1 Si 2	Höchstbeanspruchte Dieselmotoren für Pkw	Sputter	130	Gradierte Sputter-Aluminum-Kupferschicht mit feiner homogen verteilter Zinnphase
		30	1		67	Fe 2				
		30	1		69					

3.6 Marktanforderungen und Technologietrends

Ziele der Weiterentwicklung von Motoren sind höhere spezifische Leistungen, geringerer Kraftstoffverbrauch, weniger Emissionen, kleinere Bauweise und auch niedrigere Kosten. Hieraus folgen höhere Anforderungen an die Motorkomponenten von MAHLE hinsichtlich z. B. Verschleißbeständigkeit, Belastbarkeit und Fresssicherheit. Die **Tabelle 3.10** zeigt zusammengefasst die Auswirkungen dieser Ziele auf das Lagerprogramm.

Tabelle 3.10: Marktanforderungen und gesetzliche Ziele bei Motorkomponenten

	Motortrends	Auswirkungen auf Betriebsmerkmale des Motors	Auswirkungen auf Lager
1. Gesetzliche Ziele			
Emissions- und Partikelreduzierung	Reduzierung der Motorreibung	Niedrigere Ölviskosität Start/Stopp	Erhöhter Verschleiß, Umkonstruktion
	Verringerung des Motorgewichts	Leichtere Komponenten, Kurbelgehäuse aus Aluminium	Übermäßiger Gehäuseverzug
	Benzin-Direkteinspritzung	Höheres Kolbenge-wicht	Höhere Trägheitskraftbelastung
	Abgasrückführung	Ölverunreinigung	Höherer Verschleiß
	Steigerung des Zünddrucks	Höhere mechanische Belastungen	Höhere Belastungen
Geräusch	Weniger Vibrationen	Verstärkte Kurbelgehäuse	Gehäuseanpassung
Verbotene Werkstoffe	Bleifreie Komponenten		Bleifreie Werkstoffe
2. Kundenwünsche			
Höhere Leistung	Höherer Luftbedarf und höheres Blow-by	Höhere Temperaturen und Drehzahl	Überhitzung, höhere Trägheitskraftbelastungen
	Steigerung des Zünddrucks	Höhere mechanische Belastungen	Höhere Belastungen
Geringerer Kraftstoffverbrauch	Reduzierung der Motorreibung, Downsizing	Niedrigere Ölviskosität	Erhöhter Verschleiß, Umkonstruktion
	Verringerung des Motorengewichts	Leichtere Komponenten, Kurbelgehäuse aus Aluminium	Übermäßiger Gehäuseverzug
	Benzin-Direkteinspritzung	Höheres Kolbengewicht	Erhöhte Trägheitskraftbelastungen
Längere Ölwechselintervalle		Ölverunreinigung und -alterung	Höherer Verschleiß, Korrosion
Lebensdauer, Zuverlässigkeit	Höhere Kilometerleistung		Umkonstruktion

Zur Erfüllung dieser Anforderungen wurden die Lager hinsichtlich ihrer Abmessungen und Werkstoffe angepasst. Hierzu werden hochfeste Aluminiumlegierungen für Zweistoff-Lager neu entwickelt. Ferner wurden neue Laufschichten für Dreistoff-Lager sowie bleifreie Werkstoffe als Ersatz für die traditionelle Blei-Bronze in den Markt eingeführt. Zukünftig sind insbesondere bei den neuartigen polymerischen Laufschichten noch große Potenziale zu erwarten.

4 Pleuelstange

4.1 Einleitung

Die Pleuelstange verbindet den Kolben mit der Kurbelwelle, sie besteht aus dem kleinen und dem großen Pleuelauge und dem Schaft.

Die Rotation der Kurbelwelle bewirkt eine rotierende Bewegung des exzentrisch zur Achse der Kurbelwelle gelagerten großen Pleuelauges. Das kleine Pleuelauge folgt der axialen Hubbewegung des Kolbens im Zylinder (**Bild 4.1**). Das Pleuel ist somit ein Maschinenelement, durch das die Axialbewegung des Kolbens in eine Rotation der Kurbelwelle umgewandelt wird.

Der Raum, den die Pleuelstange während einer Umdrehung der Kurbelwelle überstreicht, auch Pleuelgeige genannt (**Bild 4.2**), muss für Kollisionsuntersuchungen im Kurbelgehäuse und am Motorblock beachtet werden.

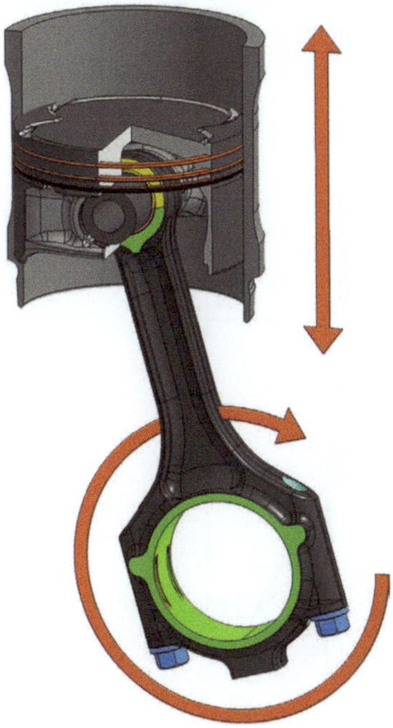

Bild 4.1: Hauptbewegungen des Systems Kolben–Pleuelstange (vertikaler Pfeil: oszillierend, Kreisbewegung: rotierend)

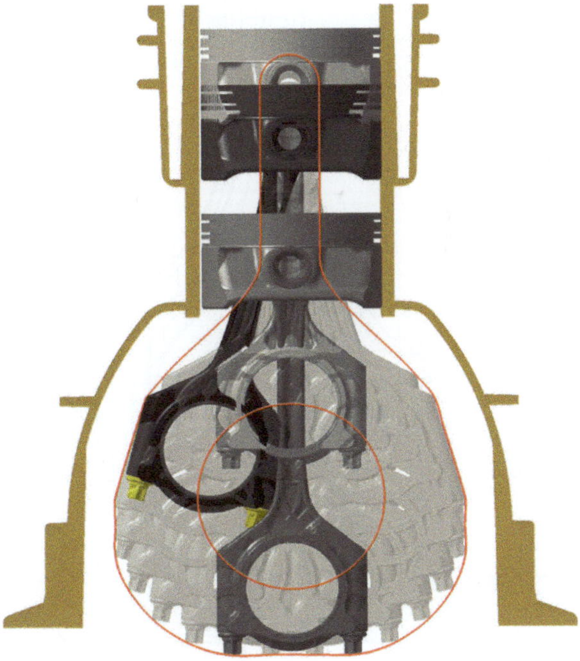

Bild 4.2: Pleuelgeige

Während das kleine Pleuelauge stets geschlossen ist, wird das große Auge normalerweise zur Montage geteilt ausgeführt. Die **Tabelle 4.1** gibt Auskunft über die unterschiedlichen Gestaltungsdetails der Pleuelstangen, nicht jedoch über Zusammenhänge einzelner Details. Es ist Aufgabe des Konstrukteurs, abhängig vom Anforderungsprofil, die richtige Konfiguration zu bestimmen.

Bild 4.3 zeigt, welche Begriffe und Abmessungen an einer Pleuelstange wichtig sind.

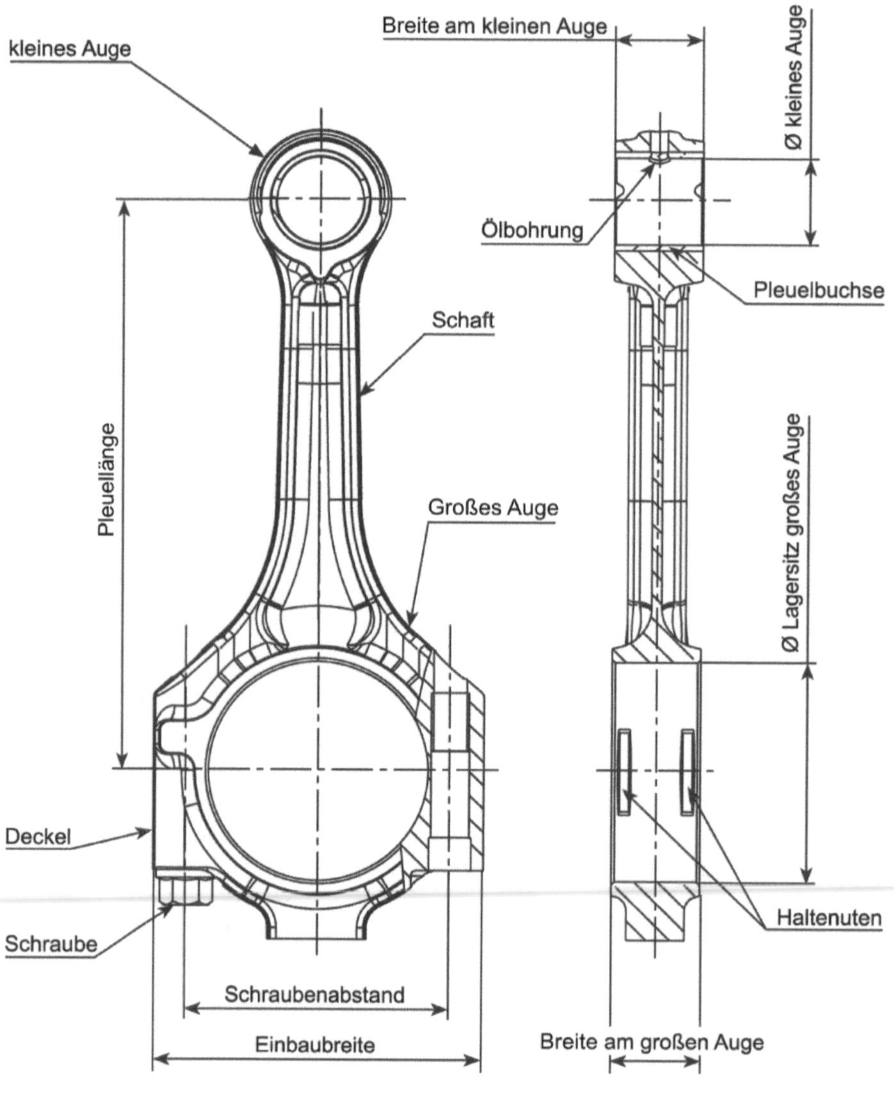

Bild 4.3: Begriffe und Hauptabmessungen an einer Pleuelstange

Tabelle 4.1: Pleuelstangenbauarten und Konstruktionsparameter

Bereich	Ausführung		
Kleines Pleuelauge	Parallel	Stufig	Trapez
Kolbenbolzen (kleines Pleuelauge)	Schwimmend	Geklemmt	
Schaft	I-Profil	H-Profil (Rennsport)	
Großes Pleuelauge	Gerade geteilt	Schräg geteilt	
Teilungsebene großes Pleuelauge	Gecrackt	Eben bearbeitet, mit Passhülse/ Passschraube/Passstifte	Zahnprofil
Rohteilherstellung	Schmieden	Gießen	Pulvermetall/Sintern

4.2 Beanspruchungen

Als Kräfte und Bewegungen übertragendes Element zwischen Kolben und Kurbelwelle ist die Pleuelstange großen wechselnden Belastungen ausgesetzt. Die Pleuelstange wird durch den Kolben auf Druck (bei vorwiegender Gaskraft) und auf Zug (vorwiegend bei Massenkraft) belastet. Zudem wird die Pleuelstange durch ihre Schwenkbewegung auf Biegung beansprucht. Als bewegtes Triebwerkteil soll sie möglichst leicht, im Hinblick auf das Zusammenwirken mit Kolbenbolzen und Hubzapfen hinreichend formsteif sein. Zudem muss eine ausreichende Bauteil- und Gestaltfestigkeit gewährleistet sein.

Die Kraftübertragung vom Kolben und Kolbenbolzen über die Pleuelstange auf die Kurbelwelle erfolgt durch den Schmierfilm in den Lagern. Die Krafteinleitung auf das Pleuel hängt deshalb von der Druckverteilung im Schmiermittel ab. Diese wiederum wird von der Steifigkeit der Pleuelaugen beeinflusst. Der Massenkraft wird durch den Schmierfilmdruck zwischen Hubzapfen und deckelseitiger Schale das Gleichgewicht gehalten. Der Kraftfluss zwischen Pleuelstange und Lagerdeckel ist durch die Pleuelschrauben gegeben. Das Pleuelauge verformt sich unter Massenkraft hochoval, die Schrauben werden nach außen gebogen. Bei unzureichender Schraubenkraft würde der Pleuelstoß nach innen klaffen, siehe **Bild 4.4**.

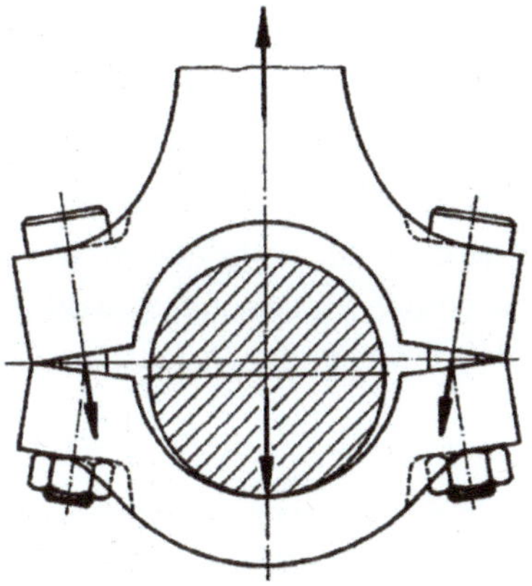

Bild 4.4:
Verformung des großen Pleuelauges

Bei maximalem Gasdruck hingegen drückt der Pleuelschaft über den Schmierfilm auf den Hubzapfen. Die Pleuelbohrung wird queroval, die Schrauben biegen sich nach innen. Durch diese Verformungen treten in den Pleuelaugen erhebliche Biegebeanspruchungen auf. Die höchst beanspruchten Stellen bei gerade geteilten Pleuelstangen sind neben den Verschraubungsgewinden die Hohlkehlen am Schaftübergang zum großen Pleuelauge sowie zum kleinen Pleuelauge. Bei schräg geteilten Pleuelstangen liegt der obere Teil des Sacklochgewindes direkt im Kraftfluss, was zu einer Spannungsspitze führt (**Bild 4.7**).

4.3 Anforderungen

Masse der Pleuelstange

Grundsätzlich sind bewegte Massen zugunsten niedrigen Kraftstoffverbrauchs sowie geringer Schwingungsanregung klein zu halten. Am Motor lässt sich durch eine geringere Bauhöhe resultierend aus einer reduzierten Pleuellänge Gewicht sparen. Dabei sind jedoch die veränderten Seitenkräfte am Kolbenschaft zu beachten.

Um im Motor eine hohe Laufruhe und wenig Schwingungen zu erhalten, soll der Unterschied der rotierenden und oszillierenden Massen zwischen den einzelnen Zylindern möglichst gering sein. Der oszillierende Massenanteil befindet sich auf der Kolbenseite, der rotierende auf der Kurbelwellenseite. Um dieses Ziel zu erreichen, gibt es mehrere Möglichkeiten.

Das Sinterverfahren ermöglicht Toleranzen beim Rohteil-Gewicht mit einer Streubreite von weniger als 1 %. MAHLE hat die Fertigungstechnik zum Schmieden von Pleuelstangen umfassend weiterentwickelt und die Gewichtsstreuung deutlich reduziert. So ermöglicht der geregelte vollautomatisierte Schmiedeprozess eine Streubreite von weniger als 1 % beim Rohteil-Gewicht.

Eine weitere Möglichkeit ist das Klassifizieren. Dabei werden die oszillierende und die rotierende Massen der fertig bearbeiteten Pleuelstange bestimmt und die Pleuelstangen in verschiedene Gewichtsklassen unterteilt. Die Pleuelstange wird hierfür horizontal mit zwei Waagen, jeweils in Höhe der Mittelpunkte des kleinen und großen Pleuelauges gewogen. Der Wert am kleinen Pleuelauge entspricht der oszillierenden, der am großen Pleuelauge der rotierenden Masse (**Bild 4.5**).

Beim Gewichtsfräsen wird am großen Pleuelauge (manchmal zusätzlich auch am kleinen) ein Gewichtsbutzen angebracht, mit dem durch Abfräsen das gewünschte Gewicht eingestellt wird.

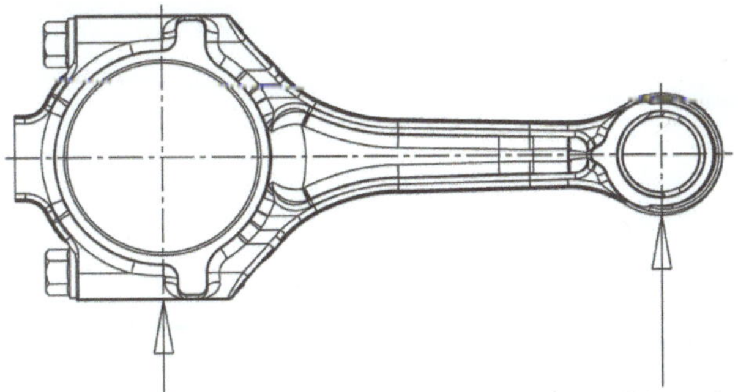

Bild 4.5:
Verteilung der bewegten Massen einer Pleuelstange

Es wird immer nur eine Pleuelgewichtsklasse je Motor eingebaut. Da häufig beim Kolben verschiedene Durchmesserklassen abhängig vom gefertigten Zylinderdurchmesser erforderlich sind, wird erst am Motor die Montageeinheit, bestehend aus Kolben, Kolbenringen, Kolbenbolzen, Sicherungsringen und Pleuelstange direkt zum Einbau zusammengestellt.

4.4 Großes Pleuelauge

Der Durchmesser des großen Pleuelauges ergibt sich aus dem Hubzapfen-Durchmesser der Kurbelwelle und der Lagerschalen-Wanddicke. Die kritische Beanspruchung für das große Pleuelauge ist die Massenkraft. Die oszillierende Massenkraft beansprucht das große Pleuelauge auf Zug, es wird in Pleuellängsrichtung oval verformt. Daraus ergeben sich Biegebeanspruchungen und Querkräfte in der Teilungsfläche. Es ist wichtig, dass die Teilung unter allen Betriebspunkten geschlossen bleibt.

4.4.1 Cracken (Bruchtrennen)

Das Cracken oder Bruchtrennen von Pleuelstangen hat sich in den letzten Jahren durchgesetzt. So gut wie alle Neuentwicklungen im Großserienbereich verwenden heute dieses Verfahren, um die Teilung des großen Pleuelauges herzustellen. Das große Pleuelauge wird in der Bohrung mit einem Laserstrahl oder durch Räumen gekerbt. Bei Sinterteilen lässt sich die Kerbe während der Rohteilherstellung einpressen. Mit einem Crackdorn werden die Hälften anschließend bei Raumtemperatur hydraulisch auseinander gebrochen (gecrackt) (**Bild 4.6**). Die so entstehende Trennfuge (Bruchfläche) wird nicht bearbeitet, auf Passhülsen oder Pass-

Bild 4.6:
Durch Cracken hergestellte Bruchflächen am großen Pleuelauge

schrauben kann verzichtet werden. Die Passung erfolgt allein durch die ineinander greifenden Unebenheiten. Die Bruchflächen setzen sich nur minimal. Beim Cracken ist die Bruchtrennfähigkeit des Pleuelwerkstoffs entscheidend. Hier werden spezielle Stahlwerkstoffe mit einem Verhältnis von Streckgrenze zu Zugfestigkeit bis zu 0,75 verwendet.

4.4.2 Schräge Teilung des großen Pleuelauges

Bei großem Hubzapfen-Durchmesser der Kurbelwelle muss das große Pleuelauge schräg geteilt werden, um den Ein- und Ausbau des Pleuels durch die Zylinderlaufbuchse zu ermöglichen. Dies führt zu komplizierteren Beanspruchungsverhältnissen in der Teilungsfuge.

Bei der schräg geteilten Pleuelstange (**Bild 4.7**) ist das obere Sacklochgewinde besonders gefährdet, da es genau im Kraftfluss der gesamten Pleuelstange liegt. Dies ist das Gebiet wechselnder Zug- und Druckbeanspruchungen, die durch die Kerbwirkung des Gewindes noch erhöht werden, mit der Folge erhöhter Bruchgefahr. Der Querschnitt um dieses Gewinde herum ist daher entsprechend sorgfältig zu dimensionieren.

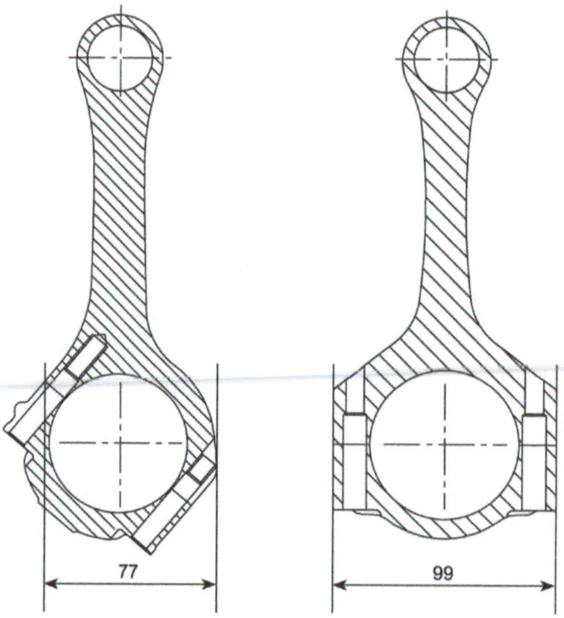

Bild 4.7:
Schräg bzw. gerade geteilte Pleuelstange und erforderliche lichte Weite der Zylinderlaufbuchse bei gleichem Hubzapfen-Durchmesser

4.5 Pleuelschaft

Man unterscheidet, wenn man den Schaftquerschnitt in Pleuelschwenkrichtung (senkrecht zur Kurbelwellenachse) betrachtet, zwischen dem I- und dem H-Profil. Letzteres wird aufgrund der Biegebeanspruchung durch hohe Drehzahlen oft bei Rennmotoren verwendet. Das I-Profil wird wegen der einfacheren Rohteilherstellung und der damit einhergehenden geringen Kosten bei größeren Stückzahlen für Serienmotoren bevorzugt.

Der Pleuelschaft unterliegt bei Viertaktmotoren einer Zug-Druck-Wechselbeanspruchung (Zug durch Massenkraft im GOT, Druck durch Gaskraft im ZOT). Der Pleuelschaft muss neben der Dauerfestigkeit auch ausreichende Knicksicherheit gewährleisten.

Zur Ölversorgung des kleinen Pleuelauges kann Öl unter Druck von der Kurbelwelle durch eine Bohrung längs durch den Pleuelschaft gefördert werden.

4.6 Kleines Pleuelauge

4.6.1 Bolzenlagerung im kleinen Pleuelauge

Das kleine Pleuelauge nimmt den Kolbenbolzen auf und bildet zusammen mit der Kolbennabe das Gelenk, um das die Pleuelstange schwenkt.

Bei einer Klemmpleuelstange wird der Kolbenbolzen im kleinen Pleuelauge eingeschrumpft und hat nur in den Kolbennaben Spiel. Zur Montage des Kolbenbolzens wird das kleine Pleuelauge auf ca. 400 °C erhitzt. Diese Montageeinheit kann nicht mehr zerstörungsfrei demontiert werden.

Bei der schwimmenden Bolzenlagerung werden in der Regel im kleinen Pleuelauge eingepresste Lager-Buchsen verwendet. Der Kolbenbolzen hat sowohl in der Pleuelstange als auch in der Kolbennabe Spiel. Er muss axial durch Kolbenbolzensicherungen (Kapitel 2.8) im Kolben gehalten werden und kann sich in Umfangsrichtung auf dem Ölfilm „schwimmend" bewegen. Die Kolbennabe ist hierbei wegen der intensiven Schmierung höher belastbar oder es kann bei gleicher Belastung ein kürzerer Kolbenbolzen eingesetzt werden. In hoch belasteten Motoren sind die Kolbenbolzen daher schwimmend gelagert.

Die Vor- und Nachteile der Klemmpleuelstange und der schwimmenden Bolzenlagerung sind in **Tabelle 4.2** zusammengestellt.

Tabelle 4.2: Vor- und Nachteile von Klemmpleueln und schwimmender Lagerung der Kolbenbolzen

Klemmpleuel	Schwimmende Lagerung
Vorteile	**Vorteile**
Keine Bolzensicherung notwendig Keine Gleitlagerung in der Pleuelstange z.B. durch eine Buchse notwendig	Montageeinheit kann auseinander genommen werden Weniger Gewicht durch höhere Belastbarkeit
Nachteile	**Nachteile**
Kolbenbolzen nicht einfach demontierbar Montage des Kolbenbolzens aufwendig Mehr Gewicht durch längeren Kolbenbolzen wegen geringerer Belastbarkeit	Sicherungsnuten und Sicherungsringe sind vorzusehen Sicherungen müssen montiert werden In der Regel Pleuelbuchse nötig

4.6.2 Geometrie des Pleuelkopfes

Die Flächenpressung als Maß für die Lagerbelastung im kleinen Pleuelauge ergibt sich aus Gaskraft, Bolzendurchmesser und Lagerbreite. Sie beträgt meist mehr als 100 MPa.

Die Gaskraft als betragsgrößte Last wirkt nur in Richtung des großen Pleuelauges, so dass verschiedene Abstützungsarten im kleinen Pleuelauge entsprechend den Anforderungen an Belastbarkeit, Gewicht und Kosten entwickelt wurden:

Die **Parallelpleuelstange** ist die Basisvariante und am einfachsten zu handhaben. Für die Fertigung ist es am günstigsten, wenn das große Pleuelauge die gleiche Breite hat wie das kleine. Der zunehmenden Gasdrücke wegen wird diese Ausführung vielfach durch eine der nachfolgend beschriebenen Varianten ersetzt, bei denen der gaskraftbelastete untere Teil des kleinen Auges breiter ist als der nur durch Massenkräfte belastete obere Bereich (**Bild 4.8**).

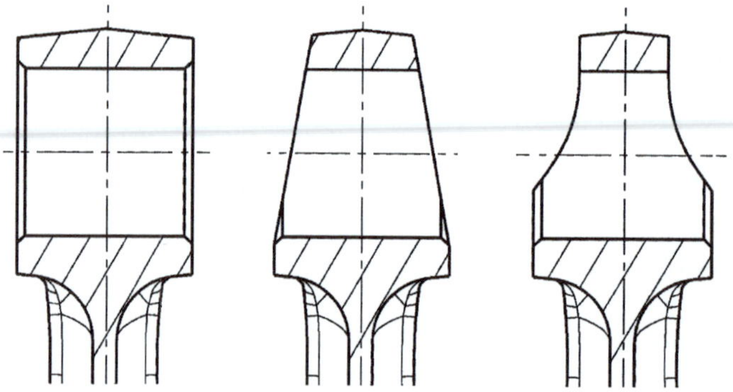

Bild 4.8: Querschnittsformen am kleinen Pleuelauge
Links: Parallelpleuel
Mitte: Trapezpleuel
Rechts: Stufenpleuel

Die **Trapezpleuelstange** wird am kleinen Pleuelauge abgeschrägt und ist somit in Richtung Pleuelschaft verbreitert. Die Kolbennabe wird entsprechend angepasst, um auch hier die Flächenpressung zu verringern. Bei der Auslegung ist besonders zu berücksichtigen, dass sich der Abstand zwischen Pleuelstange und Kolbennabe in Richtung zur Achse des Kolbenbolzens beim Schwenken des Pleuels verringert (**Bild 4.8**).

Die **Stufenpleuelstange** stellt die höchsten Anforderungen an den Herstellungsprozess. Sie verbindet aber am besten die Belastbarkeit mit der Gestaltung. Bei der Auslegung ist auch hier sicherzustellen, dass die Pleuelstange im ausgeschwenkten Zustand nicht mit dem Kolben kollidieren kann (**Bild 4.8**).

4.6.3 Schmierung der Bohrung im kleinen Auge

Über Spritzdüsen im Kurbelgehäuse wird Öl an die Unterseite des Kolbens gespritzt, um die vom Kolben aufgenommene Wärme abzuführen. Dieses Öl tropft auf das kleine Auge und gelangt seitlich oder über Ölbohrungen in den Schmierspalt zwischen Kolbenbolzen und Bohrung.

Reicht die über den Kolben kommende Schmierölmenge nicht aus, wird von der Kurbelwelle ausgehend über eine Bohrung im Schaft Öl in den Schmierspalt gefördert (**Bild 4.9**).

Diese Ausführung findet vor allem bei Pleuelstangen für Nkw-Dieselmotoren Anwendung, die mit niedriger Drehzahl betrieben werden und aufgrund des Schaftquerschnittes ausreichend Platz für die Ölbohrung bieten. Diese Maßnahme ist unabhängig von der Verwendung einer Lagerbuchse im kleinen Auge.

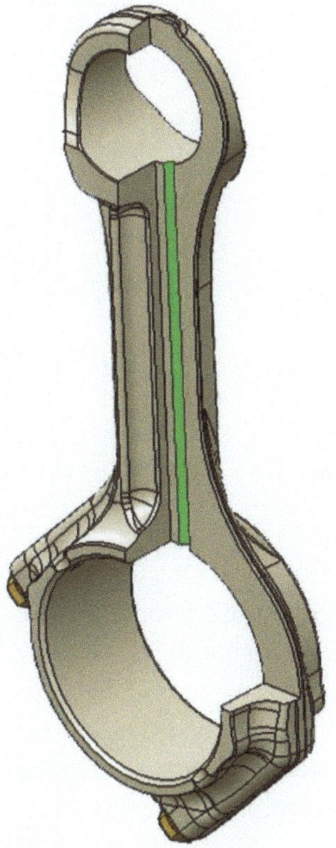

Bild 4.9:
Ölbohrung im Schaft

4.6.4 Buchsenlose Bolzenlagerung im kleinen Pleuelauge

Durch den Entfall der Lagerbuchse kann die Wandstärke im kleinen Auge verringert werden. Diese Lösung reduziert die oszillierenden Massen, was im Hinblick auf Laufruhe und Kraftstoffverbrauch immer wichtiger wird. Daher gibt es bei Pkw-Motoren einen Trend zur buchsenlosen Bolzenlagerung. Unerlässlich ist bei diesem Konzept eine sehr gute Schmierung des kleinen Pleuelauges. Zur Verbesserung des tribologischen Verhaltens stehen verschiedene Maßnahmen zur Verfügung, die in Abhängigkeit von der Flächenpressung in der Pleuelbohrung festgelegt werden:

- Die Bohrung wird als Formbohrung ausgeführt, bei der die Bohrung zu den Seiten hin abfällt (**Bild 4.10**). Dadurch wird vermieden, dass der Kolbenbolzen, der sich unter maximalem Gasdruck durchbiegt, auf der Kante der Pleuelstange aufliegt und dadurch zum Fressen führt.

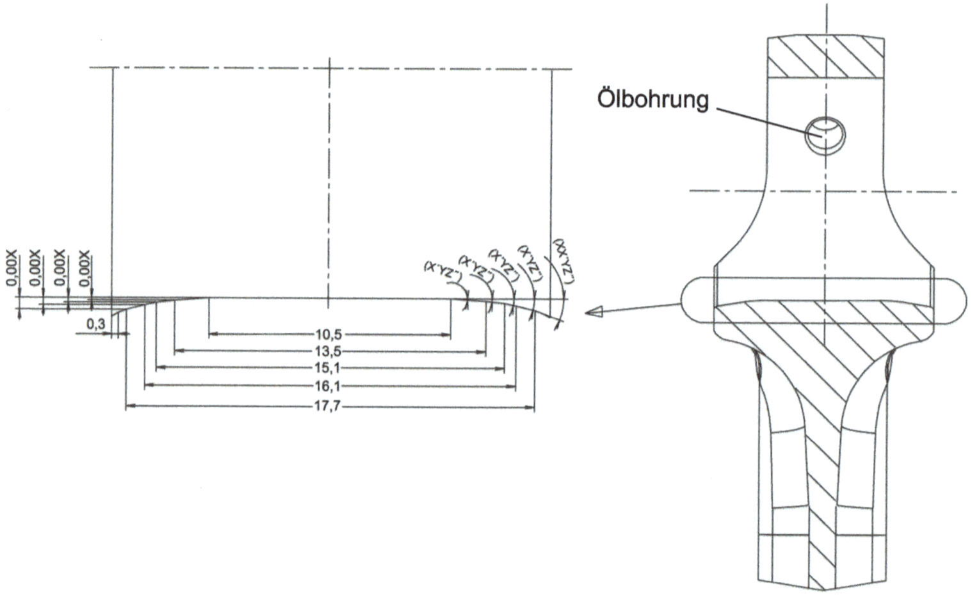

Bild 4.10: Formoptimierung des kleinen Pleuelauges ohne Buchse

- Durch spezielle mechanische Bearbeitung, z. B. Rollieren, kann die Oberfläche verfestigt und eine definierte Rauheit eingestellt werden. Ziel ist die Vermeidung von Spitzen in der Oberflächenstruktur, die ein Fressen begünstigen, und Täler zu erhalten, in denen sich Öl sammelt.
- Eine weitere Möglichkeit ist die Verwendung von Öltaschen im Übergangsbereich zur Bohrung (**Bild 4.11**). Diese Vertiefungen werden bereits im Schmiedeteil gefertigt. In den Taschen sammelt sich Öl, das durch Kapillarwirkung in den Schmierspalt gezogen wird.

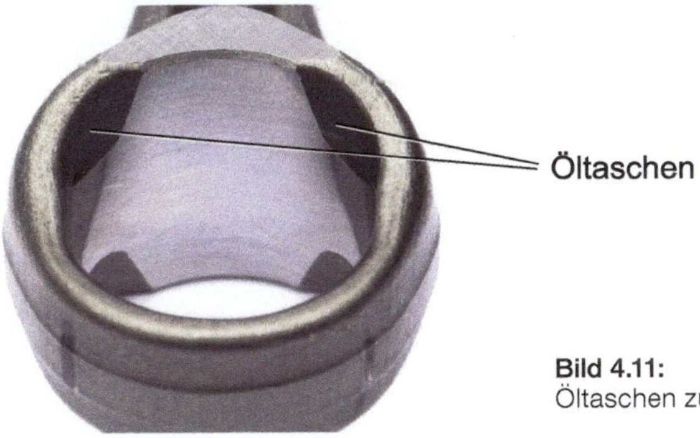

Bild 4.11:
Öltaschen zur Verbesserung der Schmierung

- Eine Mangan-Phosphatschicht wirkt als Schutzschicht für die Einlaufphase. Die aus der Oberflächenrauheit resultierenden Spitzen werden bedeckt und somit wird die Entstehung von Fressern vermieden. Mit zunehmender Laufleistung glättet sich die Bohrung, und die Dauerhaltbarkeit der Laufflächen ist gewährleistet.

4.7 Führung der Pleuelstange

Die axiale Führung (in Kurbelwellenrichtung) der Pleuelstange erfolgt üblicherweise über das große Auge an der Kurbelwange. Dies wird als „unten geführt" bezeichnet (**Bild 4.12**).

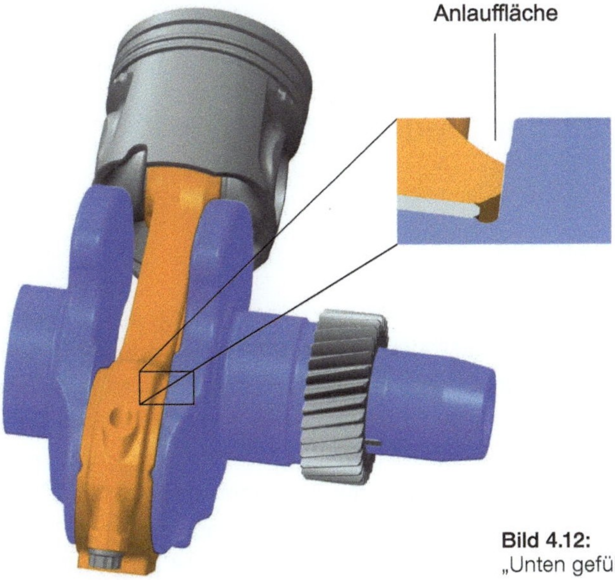

Bild 4.12:
„Unten geführte" Pleuelstange

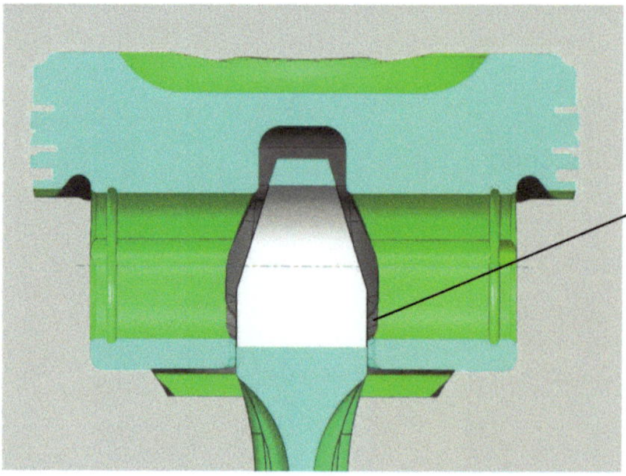

Bild 4.13:
„Oben geführte“ Pleuelstange

In einzelnen Fällen wird die Führung über den Kolben und das kleine Auge realisiert („oben geführt“), **Bild 4.13**. Dazu erhält der Kolben eine Fläche, an der das kleine Auge läuft, und das Spiel wird auf circa 25 µm reduziert.

Die Anlaufscheiben an der Kurbelwelle entfallen und die Länge des Kolbenbolzens kann reduziert werden. Dies führt zu einer Gewichtsreduzierung gegenüber der „unten geführten“ Variante. Aufgrund der kleineren Anlaufflächen entstehen geringere Reibungsverluste.

Nachteilig ist die direkte Einleitung von Bewegungen und Schwingungen der Kurbelwelle direkt in den Kolben. Weiterhin verschlechtern sich die Schmierbedingungen im kleinen Auge, da weniger Öl durch den schmalen Spalt zwischen Pleuelstange und Kolben gelangt.

4.8 FE-Berechnung an der Pleuelstange

4.8.1 Modellbildung

Ausgangsbasis jeder FE-Berechnung ist die Modellierung, also die Aufteilung der betreffenden Struktur in viele Volumenelemente. Das FE-Modell umfasst neben dem großen Pleuelauge mit Lagerdeckel auch die Lagerschalen, Schrauben und den Kolbenbolzen sowie ein geeignetes Ersatzmodell für den Kolben und die Kurbelwelle, (**Bild 4.14**). Die Modellierung sämtlicher Einzelteile erfolgt hierbei als dreidimensionale Struktur unter Berücksichtigung aller wesentlichen Details und mit nur geringen Vereinfachungen (z.B. Schraubengewinde). Eine Ausnutzung von Symmetrien zur Begrenzung des Modellierungsaufwandes ist für Pleuelstangen von Reihenmotoren möglich. Für Pleuelstangen von V-Motoren ist sie vom Betrag vorhandener Unsymmetrien abhängig und wird im Einzelfall festgelegt. Die Fixierung der montierten Struktur für die Berechnung wird ausschließlich über Kontaktrandbedingungen realisiert, eine direkte Einspannung der Pleuelstruktur würde zu Überzeichnungen der Verhältnisse an den Einspannstellen führen und wird daher vermieden. Die Zuweisung von Werkstoff-Kennwerten schließt den Modellierungsprozess ab.

Bild 4.14: Dreidimensionales FE-Modell der Pleuelstange eines Pkw-Ottomotors mit Schrauben, Lagerschalen und Kolbenbolzen sowie einem Kolbenersatzmodell zur Lastaufbringung

4.8.2 Beanspruchungen aus der Montage

Der erste Lastfall ist die Schraubenvorspannung, welche aus der Montage des Lagerdeckels an den Pleuelschaft resultiert. Voraussetzung für die realitätsnahe Erfassung der dabei auftretenden Beanspruchungen ist die Berücksichtigung der Geometrie des Schraubenschaftes, der Trennfugengestaltung (gecrackte oder bearbeitete Trennfuge) und Trennfugenzentrierung, der Schraubenkopfauflage, der Einschraubtiefe (Anzahl der tragenden Gewindegänge) sowie der Lagerschalenüberdeckung.

4.8.2.1 Schraubenkraft

Analog der Vorschrift zum Anziehen der Pleuelverschraubung wird auch die Belastung der Schraubenverbindung für die Simulation der Montage vorgegeben. In einem iterativen Prozess wird die Dehnung und damit die Spannung im Schraubenschaft variiert, bis die vorgesehene Vorspannkraft der Verbindung erreicht ist. Meist limitiert die Streckgrenze des Schraubenwerkstoffes den Betrag der Vorspannkraft. In manchen Fällen kann aber auch die Flächenpressung am Lagerdeckel im Bereich der Schraubenkopfauflage die Begrenzung darstellen.

Als Reaktion auf die Schraubenkraft verformt sich das große Pleuelauge zu einer unrunden Grundbohrung (**Bild 4.15**).

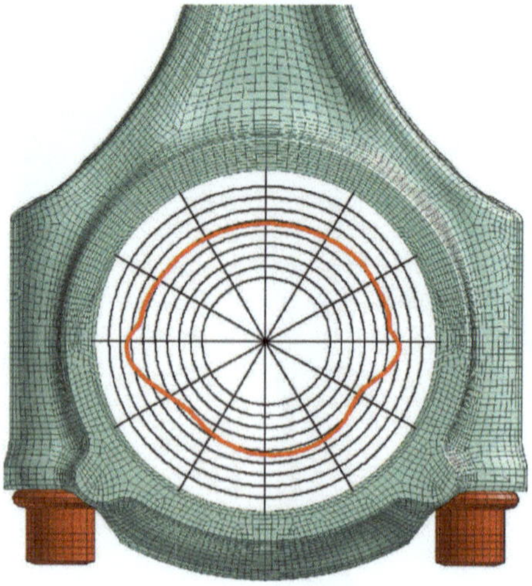

Bild 4.15:
Darstellung der Verformung der Grundbohrung des großen Pleuelauges nach erfolgtem Anzug der Pleuelschrauben

Im Herstellungsprozess der Pleuelstange wird durch Fertigbearbeiten der Grundbohrung im verschraubten Zustand eine kreisrunde Grundbohrung erzeugt. Hierdurch wird für diese hoch belastete Lagerstelle eine ideale Geometrie sichergestellt. Dieser Fertigungsprozess wird auch in der Simulation durch ein geeignetes Vorgehen nachempfunden. Das ist erforderlich, um bei den nachfolgenden Schritten zur Abbildung der Betriebsbelastungen keine unzulässigen Spannungsüberhöhungen in den Kontaktzonen zu erhalten.

4.8.2.2 Buchsen, Lagerschalen und Schrumpfsitz

Bei der üblichen Gleitlagerung des großen Pleuelauges auf der Kurbelwelle werden geteilte Lagerschalen verwendet, die zur Lagefixierung und -sicherung im Betrieb mit einem Übermaß versehen sind. Die Lagerbuchse im kleinen Pleuelauge oder der im kleinen Pleuelauge eingeschrumpfte Kolbenbolzen erzeugen Spannungen infolge der Überdeckung. Diese Überdeckung bei den Lagerschalen, den Kolbenbolzen oder den Lagerbuchsen wird bei der Simulation mit entsprechenden Kontaktrandbedingungen berücksichtigt. Die resultierenden statischen Spannungen werden später den dynamischen Spannungen aus der Betriebsbelastung überlagert.

4.8.3 Beanspruchungen aus dem Motorbetrieb

Aus der Kinematik des Kurbeltriebs folgt, dass der Kolben zusammen mit dem kleinen Pleuelauge und dem Kolbenbolzen eine oszillierende, das große Pleuelauge mit dem Hubzapfen der Kurbelwelle hauptsächlich eine rotatorische Bewegung ausführt. Die Auslenkung des großen Pleuelauges führt zu der Pleuelschwenkbewegung. Die Größe des Pleuelschwenkwinkels wird durch die geometrischen Größen des Kurbeltriebs (Kurbelradius und Pleuellänge) festgelegt.

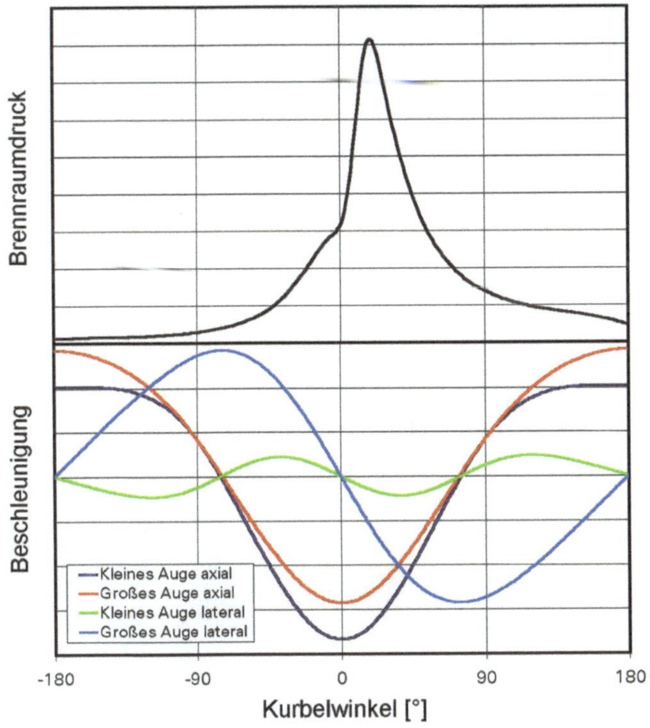

Bild 4.16:
Verlauf der Beschleunigung durch Gas- und Massenkräfte für einen Pkw-Ottomotor im Arbeitstakt des Viertaktzyklus

Die Pleuelschwenkbewegung führt am großen wie auch am kleinen Pleuelauge zu einer wechselnden Querbeschleunigung mit einem etwa sinusförmigen Verlauf (**Bild 4.16**). Die Hubbewegung der Pleuelstange führt zu einer Längsbeschleunigung. Auch diese hat einen modifizierten sinusförmigen Verlauf. Das Pleuelstangenverhältnis des Kurbeltriebs (Kurbelradius zu Pleuellänge) ist für den Grad der Abweichung vom sinusförmigen Verlauf maßgeblich und führt dazu, dass die Beschleunigung im oberen Totpunkt betragsmäßig größer als im unteren Totpunkt ist. Erst bei einer unendlich großen Pleuellänge wären beide Beschleunigungsbeträge gleich groß.

Zur Übertragung der dynamischen Betriebsbelastung der Pleuelstange in geeignete Randbedingungen für eine statische Strukturanalyse werden unterschiedliche Lastzustände, die während einer oder zweier Kurbelwellenumdrehungen (abhängig vom Arbeitsprinzip 2- bzw. 4-Takt) auftreten können, betrachtet und in Form von quasistatischen Randbedingungen auf die Struktur aufgebracht.

- Für die Simulation der Belastung im ZOT (oberer Totpunkt im Arbeitstakt) wird in der Regel das Maximum des Brennraumdruckes angesetzt, es erfolgt also eine geringe Verschiebung des Gaskraftmaximums im Vergleich zu der Darstellung in **Bild 4.16**. Dabei wird eine Entlastung der Struktur durch die entgegen der Gaskraft gerichtete Massenkraft berücksichtigt.

- Entsprechend wird im oberen Gaswechseltotpunkt (GOT) lediglich die Massenkraft ohne jegliche Brennraumdruck-Beaufschlagung zugrunde gelegt.
- Zur Berechnung der Belastung aus der Querbeschleunigung werden die jeweiligen Maxima aus dem Querbeschleunigungsverlauf für das kleine Pleuelauge wie auch für das große Pleuelauge in Kombination mit dem zum entsprechenden Zeitpunkt wirksamen Brennraumdruck aufgebracht.

Zur vollständigen Abbildung der Betriebsbelastung werden die angesprochenen einzelnen Belastungen geeignet kombiniert. Hieraus resultieren zehn relevante Lastfälle. Abhängig vom Motorentyp gibt es unterschiedliche Gewichtungen der einzelnen Lastfälle:

- Bei Pkw-Dieselmotoren dominiert die Gaskraftbelastung der Pleuelstange, wohingegen die Belastung aus der Querbeschleunigung im Vergleich zur Gaskraftbelastung sehr klein und vernachlässigbar ist.
- Bei Pkw-Ottomotoren dominiert ebenfalls die Gaskraftbelastung der Pleuelstange, die Belastung aus der Querbeschleunigung ist für den üblichen Betriebsdrehzahlbereich (bis ca. 8000 U/min) klein und daher im Allgemeinen vernachlässigbar.
- Für hochdrehende Sport- und Rennmotoren sind die Massenkräfte entscheidend, die Belastungen aus der Längs- und auch aus der Querbeschleunigung sind dementsprechend hoch. Besonders bei sehr hohen Drehzahlen können die Massenkräfte die Belastung aus der Gaskraft übersteigen und es kann z. B. aus der Querbeschleunigung die vom Betrag her größte Belastung resultieren.

4.8.3.1 Gaskraft

Ein Beispiel für die resultierenden Vergleichsspannungen an der Pleuelstruktur eines Pkw-Ottomotors unter kombinierter Montage-, Gas- und Massenkraftbelastung bei Auslegungsdrehzahl im ZOT zeigt **Bild 4.17**.

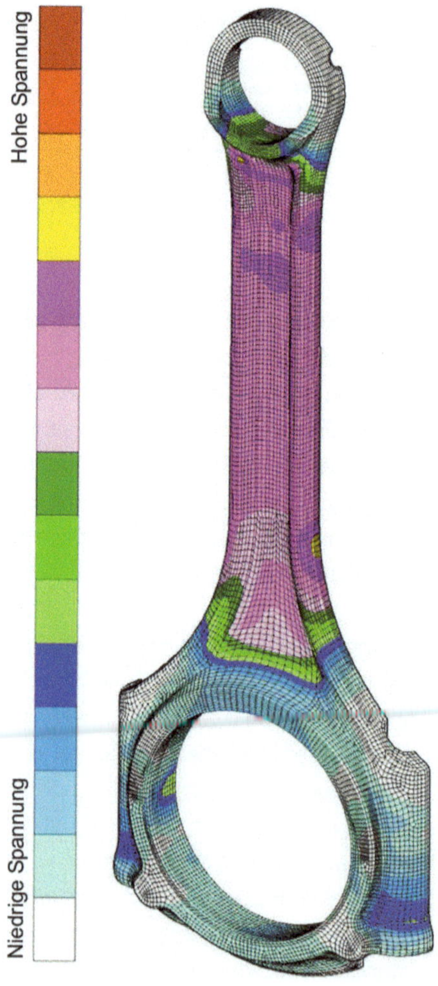

Bild 4.17:
Vergleichsspannungen an der Pleuelstruktur unter kombinierter Montage-, Gas- und Massenkraftbelastung bei Auslegungsdrehzahl im ZOT

Es zeigt sich eine hohe Beanspruchung des Pleuelschaftes. Die Stelle mit minimalem Querschnitt gibt hierbei die Grenzen für die reine Druckbelastbarkeit vor. Darüber hinaus sind noch Berechnungen zur Knicksteifigkeit des Pleuelschaftes anzustellen, da bei ungenügender Knicksteifigkeit die maximale Belastbarkeit weiter reduziert sein kann. Moderne Brennverfahren im Ottomotor erhöhen das Risiko von Vorentflammung und Klopfen, was zu einer kurzzeitig deutlich erhöhten Druckbelastung der Pleuelstange führt. Diese Druckspitzen müssen bei der Berechnung der Knicksicherheit berücksichtigt werden. Statisch hoch belastete Stellen sind außerdem die Bereiche der Schraubenkraft-Einleitung. Das in der Regel resultierende lokale Fließen des Werkstoffs im Schraubengewinde und im Bereich der Schraubenkopfauflage führt zu einer Umverteilung und Vergleichmäßigung der Last. Aufgrund der schwellenden Gaskraftbeaufschlagung sind die Übergänge vom Pleuelschaft in das große und kleine Pleuelauge dynamisch hoch belastete Stellen. Daraus resultieren letztlich die Grenzen für die Betriebsfestigkeit der Pleuelstange hinsichtlich der Dauerhaltbarkeit.

4.8.3.2 Massenträgheitskraft

Die Vergleichsspannungen an der Pleuelstruktur eines Pkw-Ottomotors unter kombinierter Montage- und Massenkraftbelastung bei Auslegungsdrehzahl im Gaswechseltotpunkt zeigt **Bild 4.18**.

Dynamisch hoch belastete Stellen aus der wechselnden Massenkraftbeaufschlagung sind auch hier wieder die Übergänge vom Pleuelschaft in das große und kleine Pleuelauge. Die Wirkung der Massenkraft im GOT führt zu einer Ovalverformung der Pleuelaugen. Die daraus entstehende Biegebelastung muss am kleinen Pleuelauge von der Struktur bzw. am großen Pleuelauge von der Verschraubung aufgenommen werden. Neben den Anforderungen hinsichtlich Betriebsfestigkeit spielen vor allem die Auswirkungen auf das Lagerspiel eine große Rolle. So kann es erforderlich werden, dass zur Begrenzung der Verformungen größere Quer-

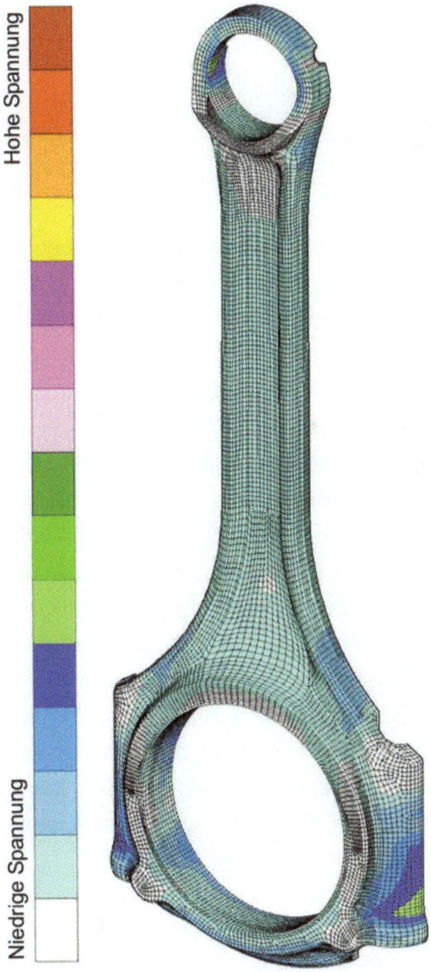

Bild 4.18:
Vergleichsspannungen an der Pleuelstruktur unter kombinierter Montage- und Massenkraftbelastung bei Auslegungsdrehzahl im Gaswechseltotpunkt (GOT)

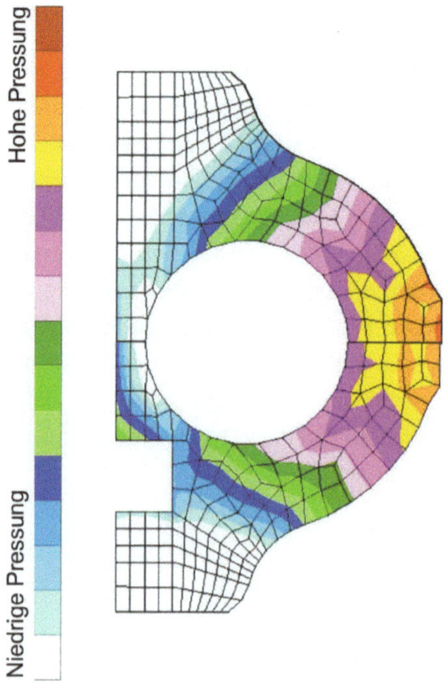

Bild 4.19:
Flächenpressungsverteilung zur Untersuchung des Klaffens in der Trennfuge am großen Pleuelauge bei maximaler Massenkraftbeanspruchung im Gaswechseltotpunkt

schnitte vorgesehen werden müssen, als aus Festigkeitsgründen zur Sicherstellung der Dauerfestigkeit erforderlich wären. Auch eine größere Exzentrizität am Lager kann erforderlich werden (vgl. Abschnitt 3.3.4).

Als ein weiterer Aspekt wird bei minimaler Schraubenkraft und maximaler Massenkraft im GOT das dynamische Klaffen der Trennfuge am großen Pleuelauge untersucht. Es dürfen keine oder nur minimale Randbereiche existieren, in denen ein Klaffen auftritt, d.h. in denen die Flächenpressung den Wert Null erreicht, siehe **Bild 4.19**. Andernfalls sind geeignete Maßnahmen zur Erhöhung der Flächenpressung, wie z.B. größere Schraubenvorspannkräfte oder eine Verkleinerung der Trennfugenfläche, erforderlich.

Bild 4.20 zeigt die Vergleichsspannungen an der Pleuelstruktur eines serienmäßigen Pkw-

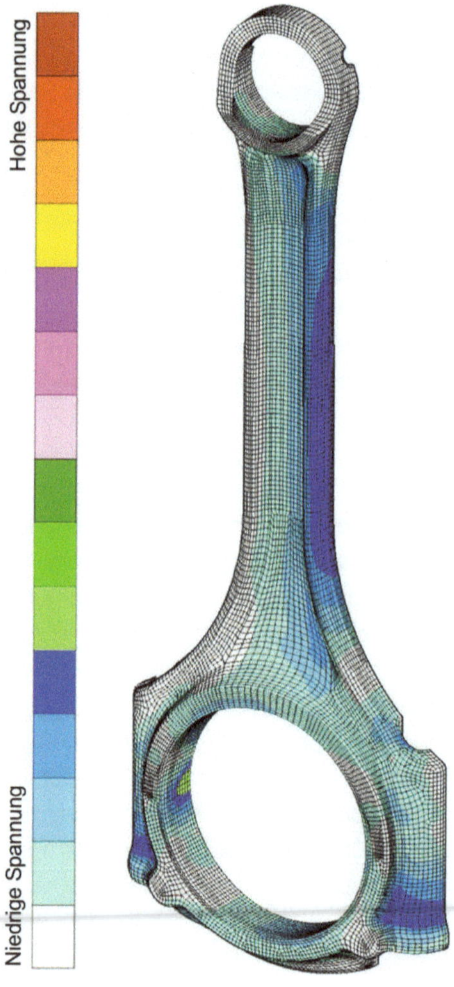

Bild 4.20:
Vergleichsspannungen an der Pleuelstruktur unter kombinierter Montage-, Gas- und Massenkraftbelastung bei Auslegungsdrehzahl zum Zeitpunkt der maximalen Querbeschleunigung am großen Pleuelauge

Ottomotors unter kombinierter Montage-, Gas- und Massenkraftbelastung bei Auslegungsdrehzahl zum Zeitpunkt der maximalen Querbeschleunigung am großen Pleuelauge. Hier ergeben sich nur geringe Biegebelastungen des Pleuelschaftes. Nochmals geringere Biegebelastungen des Pleuelschaftes resultieren aus der maximalen Querbeschleunigung am kleinen Pleuelauge. Da die maximale Querbeschleunigung am kleinen Pleuelauge bereits bei einem frühen Kurbelwinkelbereich nahe ZOT bzw. GOT auftritt, dominiert hier wieder die Längsbelastung der Struktur aus der Gaskraft. Es sei jedoch darauf hingewiesen, dass diese Aussagen nur für den normalen Betriebsdrehzahlbereich von Serienmotoren (Otto bis ca. 8000 U/min und Diesel bis ca. 5000 U/min) gelten, nicht jedoch für sehr hohe Drehzahlen von Rennmotoren (bis ca. 20 000 U/min). Je höher das Drehzahlniveau ist, um so mehr werden die Belastungen aus den Massenkräften dominant, bis sie schließlich zur größten Betriebsbelastung für die Pleuelstange werden.

4.9 Bauteilprüfung an der Pleuelstange

Pleuelstangen müssen, wie auch alle anderen Bauteile des Verbrennungsmotors, die höchsten im Betrieb auftretenden Belastungen sicher ertragen. Diese ergeben sich im Volllastbetrieb über den ganzen Drehzahlbereich.

Mit Prüfungen der Bauteil- und Betriebsfestigkeit ist der Nachweis zu erbringen, dass auch unter Berücksichtigung der Streuungen der Werkstofffestigkeit und des Herstellungsprozesses (Rohteil, Bearbeitung, Oberflächenbehandlung, Montage usw.) das Bauteil allen Festigkeitsanforderungen gerecht wird.

Die primäre Beanspruchung auf Zug und Druck aus der oszillierenden Massenkraft und dem Gasdruck erfolgt in Achsrichtung des Pleuelschaftes (Stangenkraft F_{St}). Bei hoch drehenden Motoren dürfen die in der Pleuelschwingebene auftretenden, aus den rotierenden Massen herrührenden Biegebeanspruchungen nicht vernachlässigt werden.

Zusätzliche, nicht unerhebliche, Biegemomente können durch Fertigungstoleranzen, Einbaugegebenheiten und Verformungen der Kurbelwelle und des Gehäuses auf die Pleuelstange einwirken.

Üblicherweise wird die Bauteilprüfung am Pleuel unter Zug/Druck-Wechselbelastung auf Resonanzpulsern oder servohydraulischen Prüfmaschinen durchgeführt. Bei der Festlegung des Lasthorizontes ist zu bedenken, dass sich auf Grund der Massenverteilung über die Pleu-

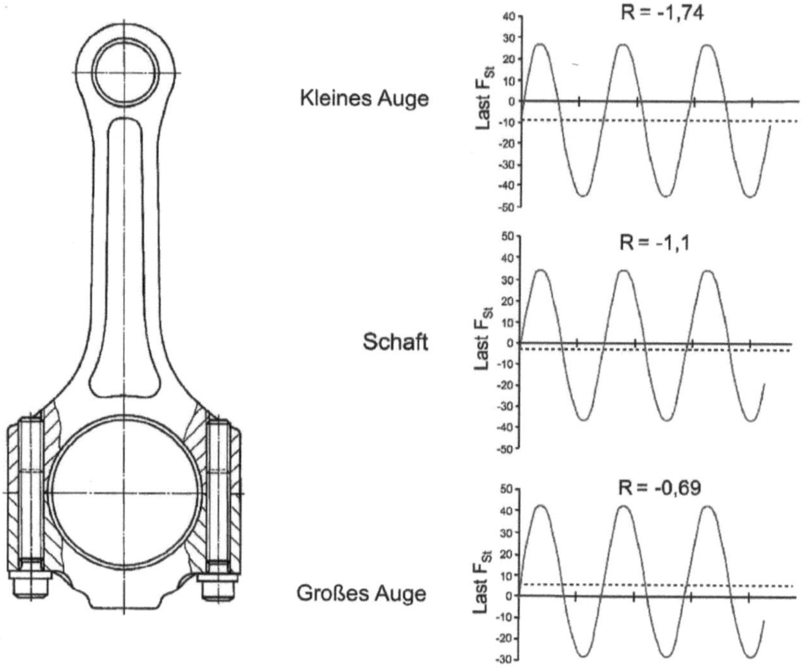

Bild 4.21: Pulserversuche an einer Pleuelstange (*R*: Lastverhältnis, F_{St}: Stangenkraft)

ellänge unterschiedliche Lastverhältnisse *R* (*R* = Unterlast/Oberlast) und damit unterschiedliche Mittelspannungen im Motorbetrieb ergeben (**Bild 4.21**).

Für die Festlegung der Randbedingungen, Durchführung, Auswertung und statistischen Auswertung derartiger Bauteilversuche haben verschiedene Motorenhersteller aufgrund der spezifischen Erfahrungen unterschiedliche Vorgehensweisen.

Als Gaskraft wird stets der im Arbeitstakt auftretende maximale Wert gewählt. Die Massenkraft erreicht je nach Motordrehzahl unterschiedlich hohe Beträge. Bei MAHLE erfolgen die Pulserversuche jeweils mit den höchsten sich ergebenden Werten. Das bedeutet, dass die im Pulserversuch angesetzten Lastamplituden sich aus Werten zusammensetzen, die nicht notwendigerweise bei derselben Drehzahl auftreten.

Die Ermittlung der erforderlichen Daten geschieht in der Weise, dass analog zu **Bild 4.22** der Verlauf von Gaskraft (blau) und Massenkraft (rot) für verschiedene Motordrehzahlen, hier an einem Viertaktmotor, berechnet wird. Aus der resultierenden Summenkurve (grün), die den Verlauf der Stangenkraft F_{St} darstellt, ergeben sich dann die Maxima und Minima, hier als Punkte 1 und 2 gekennzeichnet. Diese sind im Diagramm **Bild 4.23** als Funktion von der

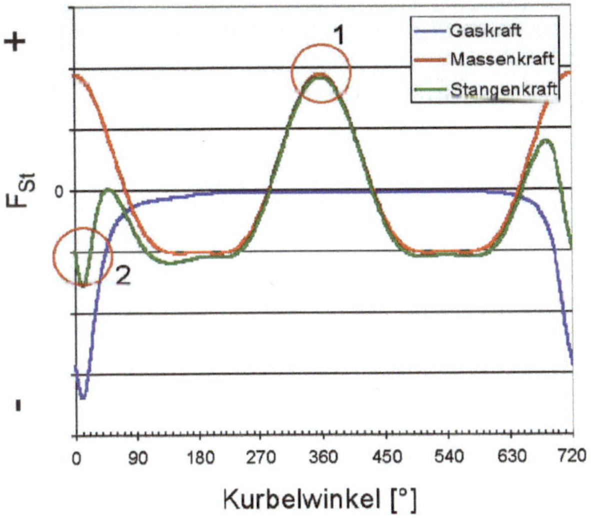

Bild 4.22:
Berechnete Stangenkräfte an einer Pleuelstange über einen Arbeitszyklus von 720 Winkelgraden bei konstanter Drehzahl, z. B. n_1

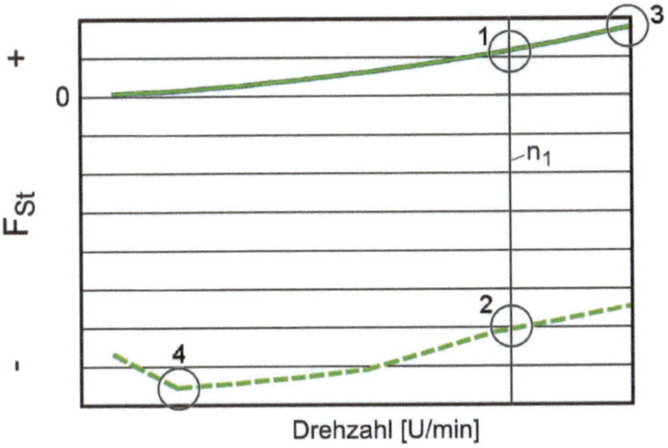

Bild 4.23:
Stangenkräfte an einer Pleuelstange abhängig von der Motordrehzahl

Motordrehzahl dargestellt. Es zeigt den Verlauf der maximalen Massenkraft (obere Kurve) und der maximalen Gaskraft (untere Kurve), wobei die Punkte 3 und 4 den Größtwert $F_{St\,max}$ und den Kleinstwert $F_{St\,min}$ der Stangenkraft F_{St} bezeichnen.

Für die Pulserversuche gilt:

$$F_a = 0{,}5 \cdot (F_{St\max} - F_{St\min}) \quad \text{Lastamplitude} \quad (4\text{-}1)$$

$$F_m = 0{,}5 \cdot (F_{St\max} + F_{St\min}) \quad \text{Mittellast} \quad (4\text{-}2)$$

$$R = \frac{F_{St\min}}{F_{St\max}} \quad \text{Lastverhältnis} \quad (4\text{-}3)$$

Für die rasche und kostengünstige Ermittlung der Wöhlerlinie (**Bild 4.24**) hat sich das Treppenstufenverfahren bewährt. Mit einer Lastamplitude nahe dem erwarteten Median des Übergangsbereichs wird die erste Probe geprüft. Tritt kein Bruch der Probe auf, so wird die Last der nächsten Proben bei konstanter Stufenbreite erhöht, bis ein Bruch auftritt. Danach wird die Last wieder stufenweise abgesenkt bis kein Bruch mehr auftritt. Das Verfahren zentriert sich sehr schnell auf den Mittelwert.

Eine anschauliche Kombination des Belastungskennfelds im Motor mit Laborergebnissen der Bauteil-Dauerfestigkeit zeigt das Haigh-Diagramm (**Bild 4.25**).

Der Sicherheitsfaktor j ergibt sich aus dem Quotienten von

$$j = \frac{\text{Dauerfestigkeit}}{\text{Betriebsbelastung}} \tag{4-4}$$

Der erforderliche Mindestwert ist u.a. abhängig von der geforderten Überlebenswahrscheinlichkeit, dem Streumaß, der angestrebten Ausfallwahrscheinlichkeit und dem Einsatzgebiet festzulegen.

Neben den beschriebenen Pulserversuchen sind, z.B. für die Aufbringung von Biegebeanspruchungen, spezielle Vorrichtungen im Einsatz. Auch Schleppversuche im fremd angetriebenen Rumpfmotor mit überhöhten Drehzahlen werden durchgeführt.

4.10 Werkstoffe

4.10.1 Stähle für geschmiedete Pleuel

In der Vergangenheit wurden hauptsächlich Vergütungsstähle für Pleuelstangen verwendet. In den 80er Jahren wurden diese zunehmend durch ausscheidungshärtende ferritisch-perlitische Stähle, kurz AFP-Stähle, ersetzt.

Mit der Entwicklung der Bruchtrenntechnik (Abschnitt 4.4.1) wurde Mitte der 90er-Jahre der Stahl C70S6BY als Serienwerkstoff für Pleuelstangen eingeführt. Dieser Werkstoff wird wie ein AFP-Stahl direkt nach der Warmformgebung kontrolliert an der Luft abgekühlt und hat die typischen Vorteile dieser Stähle, wie Wegfall einer zusätzlichen Wärmebehandlung, geringerer Verzug, kostengünstige Zerspanbarkeit und zusätzlich eine gute Bruchtrennbarkeit. Die Gefügeausbildung ist nahezu perlitisch mit geringen Ferritanteilen auf den Korngrenzen. Der hohe Perlitanteil unterstützt beim Cracken die Ausbildung von Sprödbruchflächen, die durch

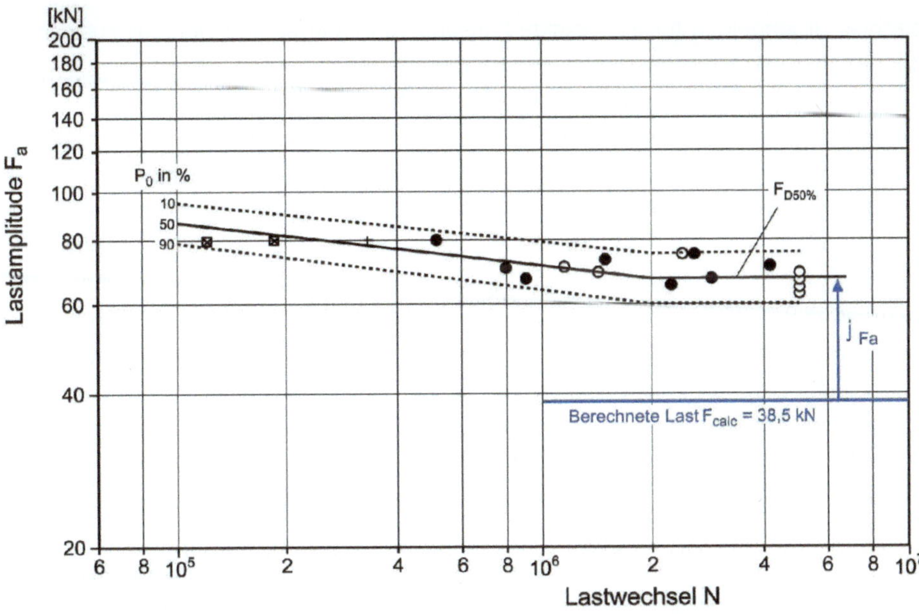

Bild 4.24: Bauteil-Wöhlerlinien für ein Pleuel, ermittelt nach dem Treppenstufenverfahren ($P_ü$: Überlebenswahrscheinlichkeit bei 10, 50, 90 %, $F_{D50\%}$: Mittelwert der Dauerhaltbarkeit, $P_ü$: 50 %)

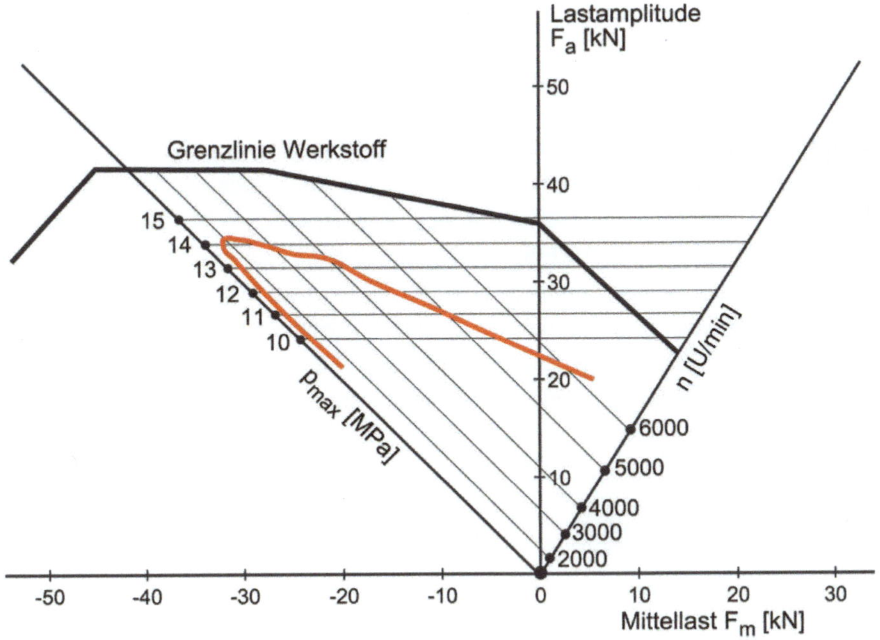

Bild 4.25: Betriebsbelastung einer Pleuelstange im Haigh-Diagramm

ihr kristallines Bruchgefüge für eine exakte Passung von Oberteil und Unterteil zueinander sorgen.

Zunehmende Verbrennungsdrücke und die Forderung nach Gewichtsreduzierung erfordern die Verwendung höherfesterer Stahlgüten, wobei weiterhin die Voraussetzungen für das Bruchtrennen gewährleistet sein müssen. Das Material 46MnVS6mod bietet eine höhere Streckgrenze, ohne dass die Bruchtrennfähigkeit beeinträchtigt wird. Hierdurch konnte die Gestaltfestigkeit von Bauteilen im Vergleich zu C70S6BY um 25 % gesteigert werden. Erzielt wurden diese verbesserten mechanischen Eigenschaften u. a. durch Erhöhung des Stickstoff- und Vanadiumgehaltes und der damit verbundenen für AFP-Stähle typischen Ausscheidungshärtung. Sie wird charakterisiert durch Bildung fein verteilter Vanadium-Karbonitrid-Ausscheidungen während der Abkühlung des Schmiedeteils aus der Umformwärme. Das Gefüge ist ferritisch-perlitisch, durch den geringeren Kohlenstoffgehalt ist der Ferritanteil höher als bei C70S6BY. Die Zerspanbarkeit wurde im Vergleich zum C70S6BY verbessert.

Für den Werkstoff C70S6BY kann durch Erhöhung des Vanadiumgehaltes die Ausscheidungshärtung verstärkt werden. Dieses Material wird als 70MnVS4 bezeichnet. Die Festigkeitssteigerung wirkt sich gleichermaßen auf Streckgrenze und Zugfestigkeit aus. Da aus Gründen der Materialbearbeitbarkeit die Zugfestigkeit 1.200 MPa nicht überschreiten sollte, ist die Festigkeitssteigerung auf diesen Wert begrenzt.

4.10.2 Sintergeschmiedete Pleuelstangen

Alternativ zu geschmiedeten Stahlpleuelstangen können Pleuelstangen auf pulvermetallurgischem Weg hergestellt werden. In diesem Fall ist ein Schmiedeprozess nachgeschaltet, um die Porosität zu verringern (Sinterschmiedeverfahren). Das verwendete Material 3Cu6C hat einen Kohlenstoffgehalt von 0,50 – 0,60 %. Die Festigkeitssteigerung erfolgt über das Zulegieren von Kupfer bis 3,25 %. Hinsichtlich der Dauerfestigkeit liegt dieses Material auf dem Niveau von 70MnVS4. Aus prozesstechnischen Gründen beschränkt sich die Verwendung von sintergeschmiedeten Pleuelstangen auf Pkw-Motoren. Für hochbelastete Ottomotoren und Dieselpleuelstangen werden geschmiedete Stahlpleuelstangen eingesetzt.

4.11 Pleuelverschraubung

4.11.1 Anforderungen an die Pleuelverschraubung

Die Verbindung des Pleueldeckels mit dem Pleuelschaft ist ein typisches Beispiel für eine dynamisch und exzentrisch belastete Schraubenverbindung. Sie überträgt die Massenkräfte von Kolben, Kolbenringen und Kolbenbolzen sowie von der Pleuelstange auf den Hubzapfen der Kurbelwelle. Dabei müssen die Kräfte um den Hubzapfen herum geführt werden. An der Verschraubung wirken deshalb neben der Axialbelastung auch Querkräfte und Biegemomente. Zudem kommt es durch die Gaskräfte im Brennraum zu Verformungen am großen Pleuelauge, woraus sich besonders bei Pleuelstangen mit schräg geteiltem Pleuelauge zusätzliche Querkräfte in der Trennfuge einstellen. Diese Randbedingungen führen an den Pleuelschrauben zu einer dynamischen Beanspruchung in Längs- und Querrichtung. Zur sicheren Aufnahme dieser Belastungen sind hohe Klemmkräfte erforderlich.

Die Verschraubung hat zudem die Kräfte zur Fixierung der Lagerschalen aufzunehmen. Die erforderliche Kraft zur Erzeugung der Überdeckung aus dem Lagerschalen-Überstand muss bei der Berechnung der Vorspannkraft der Pleuelschrauben zusätzlich berücksichtigt werden.

Streuungen in der Vorspannkraft sollen klein sein, weil sonst unerwünschte Formabweichungen am Pleuellager auftreten können. Der Verspannungszustand bei der Bearbeitung des Lagerschalensitzes und später bei der Pleuelmontage im Motor muss deshalb nahezu gleich sein, weil sonst durch unterschiedliche Schraubenkräfte Abweichungen in der Rundheit des Lagers entstehen können, die die Funktion des Gleitlagers ungünstig beeinflussen.

Dies macht den Einsatz von Schrauben mit hoher Werkstofffestigkeit und Montageverfahren mit größtmöglicher Werkstoffausnutzung bis an die Streckgrenze, wie das Drehmoment/Drehwinkelverfahren oder das Streckgrenzverfahren, notwendig. Bei Schrauben, die über die Streckgrenze hinaus angezogen werden, ist die zulässige Anzahl der Anziehvorgänge begrenzt. In manchen Fällen müssen dann bei Wiederholungsmontagen neue Schrauben verwendet werden.

4.11.2 Auslegung und Berechnung der Pleuelverschraubung

Die Auslegung der Pleuelverschraubung erfolgt in Anlehnung an die Richtlinie VDI 2230. Sie gibt allgemeingültige Hinweise zur Berechnung einer Schraubenverbindung. Nicht in dieser Richtlinie enthalten ist die Herleitung der Betriebskräfte der Verschraubung, die im Wesentlichen aus der Massenkraftbelastung durch die Pleuel- und Kolbenmassen resultiert.

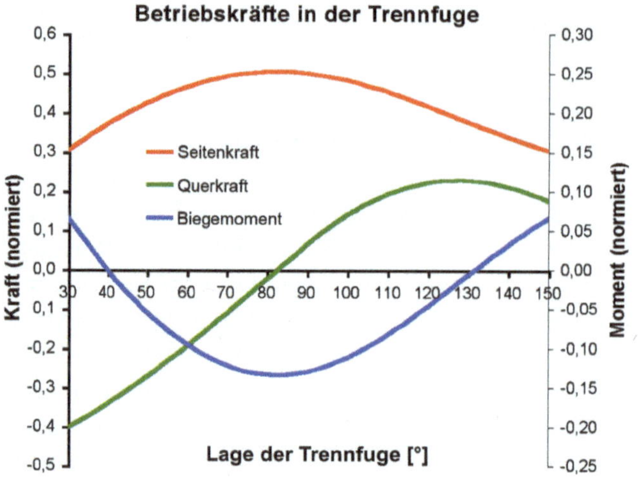

Bild 4.26:
Berechnete Kräfte in der Teilungsebene des großen Pleuelauges

Mit Hilfe eines Berechnungsverfahrens für ein geschlossenes Kreisringmodell (großes Pleuelauge) kann die relevante Betriebsbelastung (Seitenkraft, Querkraft und Biegemoment) in der Teilungsebene des großen Pleuelauges ermittelt werden (**Bild 4.26**). Die Berechnung der Beanspruchung der Schraubenverbindung erfolgt unter der maximalen Zugbelastung, die in Pleuelstangenrichtung durch die Massenkraft im oberen Umkehrpunkt gegeben ist.

Ausgehend von der Betriebsbelastung (Seiten-, Querkraft, Biegemoment) können anschließend die systematischen Rechenschritte auf Basis der Richtlinie VDI 2230 durchgeführt werden. Dabei werden die elastischen Nachgiebigkeiten von Schrauben und verspannten Teilen (gestufter Biegekörper) bestimmt und die betriebssichere Funktion der Schraubenverbindung nachgewiesen.

Als Ergebnisse erhält man:

- Schraubenvorspannkraft durch die Montage (min., max.) für Streckgrenzanzug oder Drehwinkelanzug (überelastisch),
- Anzugsmoment (min., max.),
- Flächenpressung an der Schraubenkopfauflage,
- erforderliche Klemmkraft/Schraubenvorspannkraft gegen teilweises Aufklaffen der Trennfuge mit Berücksichtigung der Schließkraft der Lagerschalen,
- Betriebskraft/Motordrehzahl zu Beginn des Klaffens in der Trennfuge,
- Dauerfestigkeitsnachweis, Spannungsamplitude (inkl. Biegung) am Gewinde auch für den Fall des teilweisen Klaffens der Trennfuge,
- erforderliche Mindesteinschraubtiefe des Gewindes (Mutterhöhe).

4.11.3 Gestaltung der Pleuelverschraubung

Die Pleuelverschraubung kann als Durchgangs- oder Einschraubverbindung (Sackloch mit reduzierter Kerbwirkung) ausgeführt werden. Die Durchgangsverschraubung mit Gewindebolzen und beidseitiger Mutter oder mit Kopfschraube und einer Mutter wird heute hauptsächlich bei Pleuelstangen in Großmotoren verwendet. In Pkw- und Nkw-Motoren ist die Einschraubverbindung mit Kopfschrauben üblich.

Pleuelschrauben für Pkw- und Nkw-Motoren werden als Schrauben mit/ohne Dehnschaft, Ganz-/Teilgewinde-Schrauben, ohne/mit Rillen ausgeführt. Als typische Kopfformen werden Schraubenköpfe mit Sechskant, Doppelsechskant, Vielzahn, mit äußerem Kraftangriff verwendet (**Bild 4.27**). Die Schraubenfestigkeit R_m reicht von ca. 800 MPa bis über 1.400 MPa im Ausnahmefall. Das Streckgrenzverhältnis $R_{p0,2}/R_m$ ist größer als 0,9. Um eine größtmögliche Dauerhaltbarkeit am Gewinde zu erreichen, werden die Gewinde nach dem Vergüten schlussgerollt.

Verschiebungen an der Trennfuge können schon nach kurzer Betriebszeit durch Setzen und Verschleiß zum Lockern und Losdrehen oder zu einem selbsttätigen Lösen einer Pleuelschraube führen. Sie müssen unbedingt vermieden werden. Zur sicheren Fixierung werden Pleueldeckel und Pleuelstange formschlüssig verbunden. Dazu werden Schrauben mit Passbund oder Rändel, Zentrierhülsen, Stifte bei ebenen Trennflächen, verzahnten Trennflächen oder wie heute bei Pkw-Pleuelstangen und Nkw-Pleuelstangen üblich, Bruchtrennflächen (Cracken) verwendet.

Bild 4.27: Ausführungsformen von Pleuelschrauben

Bei der Gestaltung der Schraubenverbindung ist darauf zu achten, dass die Schrauben möglichst nahe am Hubzapfen liegen. Dies vermindert die Gefahr des Klaffens in der Trennfuge und reduziert die Biegebeanspruchung. Bei schräg geteilten Pleuelstangen befindet sich das höher liegende Gewinde des großen Pleuelauges im direkten Kraftfluss. Am Gewindeauslauf müssen deshalb häufig Maßnahmen zur Steigerung der Bauteilfestigkeit angewendet werden. Die Spitze des Kernlochs sollte mit Radien versehen und das Gewinde gerollt werden, um die Kerbwirkung zusätzlich zu verringern.

5 Kurbelgehäuse und Zylinderlaufbuchsen

5.1 Einleitung

Das Kurbelgehäuse ist das zentrale, die Funktionsgruppen des Kurbeltriebs enthaltende und verbindende Bauteil des Verbrennungsmotors und bildet eine Systemgrenze, die den Verbrennungsmotor nach außen hin abdichtet. Es verhindert den Austritt des Arbeitsmediums, des Kühl- und Schmiermittels sowie den Zutritt von Feuchtigkeit und Schmutz. Dabei muss das Kurbelgehäuse den vorgegebenen Bauraum unter der Voraussetzung ausreichender Struktursteifigkeit und im Hinblick auf die Formgenauigkeit von Lager- und Zylinderbohrungen sowie den Zylindereinpass (bei austauschbaren Zylinderlaufbuchsen) bei möglichst kleiner Bauteilmasse ausnutzen.

Kurbelgehäuse nehmen die inneren Kräfte und Momente auf und übertragen sie auf die Motorlagerung. Sie müssen äußeren Kräften standhalten, wie

- Kräften von den Anbauteilen,
- radialen und axialen Kräften durch die anzutreibende Maschine (Stützkräfte und Axialschub),
- Kräften durch die Motorlagerung (z. B. bei Geländefahrten oder Bootsfahrten bei starkem Wellengang),
- Montagekräften und
- Kräften infolge von Wärmeausdehnungen.

Die Kurbelgehäusebauart richtet sich nach der Größe und Verwendung des Motors, dem Arbeitsverfahren (Vier- oder Zweitakt), der Kühlung (Wasser/Luft), der Zylinderzahl, ihrer Ausführung und Anordnung, dem Werkstoff und Herstellungsverfahren.

Ein Kurbelgehäuse besteht aus Zwischenwänden, den Längs- und Endwänden, Zylinderlaufflächen oder Zylinderlaufbuchsen und je nach Ausführung einer oberen Deckplatte. In den Zwischenwänden ist die Kurbelwelle, bei Nutzfahrzeugmotoren sind zum Teil auch die Nockenwelle(n) gelagert. Weiterhin enthält es Kanäle für Kühl- und Schmiermittel („Galerien") sowie die Kühlmittelräume. Nach unten wird das Gehäuse durch eine Ölwanne, nach oben durch den Zylinderkopf abgeschlossen. Die untere Öffnung bedeutet für das Kurbelgehäuse einen Verlust an Struktursteifigkeit. Die daraus resultierenden Folgen, wie Schwingungen und Verformungen, können durch viele konstruktive Maßnahmen ausgeglichen werden.

5.1.1 Kräfte und Beanspruchungen

Der Gasdruck im Brennraum wirkt sowohl auf den Zylinderkopf, der die Kraft über die Zylinderkopfschrauben auf die Kurbelgehäuse-Zwischenwand überträgt, wie auch über die Kurbelwelle auf die Lagerdeckel, welche über die Lagerdeckelschrauben ebenfalls an der Zwischenwand angreifen. Somit schließt sich der Kraftfluss. Die Gehäusewand wird dynamisch auf Zug beansprucht. Die Zylinderkopfschrauben sind um den Zylinder bzw. um den Zylinderblock angeordnet, wobei die Kräfte der Schrauben im Bereich der Zwischenwand direkt in diese geführt werden können. Die Kräfte der Schrauben im Bereich der Kurbelkreisebene müssen durch besondere konstruktive Maßnahmen wie Zugbänder, Rippen und Gurte in die Zwischenwände eingeleitet werden.

Die Umlenkung der Kräfte in der Kurbelgehäuse-Zwischenwand verursacht zusätzliche Beanspruchungen. Verformungen der Zylinderlaufbahn als Folge von Montage-, Wärme- und Betriebskräften können das nominelle Kolbenspiel beeinträchtigen. Verformungen der Bohrungen für die Kurbelwellenlager durch die Kräfte im Gehäuse können die Größenordnung der Lagerspiele erreichen. Detaillierte CAE-Untersuchungen (thermomechanische Analysen) können den Konstruktionsprozess unterstützen und diese Probleme entsprechend minimieren.

5.1.2 Entwicklungsziele

Im Sinne der für die Zukunft geplanten Verbrauchs- bzw. Emissionsziele muss das Leistungsgewicht der Verbrennungsmotoren minimiert werden (Leichtbaukonzept). Gewicht ist nicht nur ein Kostenfaktor, es geht auch proportional in die Verbrauchswerte ein, mit entsprechenden Auswirkungen auf die Emissionen.

Vergleicht man die Dichte von Gusseisen von ca. 7,3 g/cm^3 mit jener von Aluminiumlegierungen, ca. 2,7 g/cm^3, so ergibt sich für Kurbelgehäuse aus Aluminium eine Massenreduzierung von ca. 45 – 55 %, je nach Konstruktion und Integration von Anbauteilen. Die geringere Steifigkeit des Aluminiums erfordert jedoch eine angepasste Konstruktion, was den Massevorteil deutlich reduziert.

5.2 Kurbelgehäusebauarten

Bei Kurbelgehäusen werden abhängig von der Art der Anbindung der Zylinderrohre bzw. Zylinderlaufflächen folgende Bauarten unterschieden:

- Offene Bauweise (open-deck) (**Bild 5.1**). Das Gehäuse ist in Druckguss herstellbar.
- Geschlossene Ausführung (closed-deck) (**Bild 5.2**). Diese Ausführung erfordert komplizierte Sandkerne für den Wassermantel und kann bei Leichtmetallausführungen im Schwerkraft- oder Niederdruckguss hergestellt werden. Die Closed-deck-Ausführung ist eine kompaktere und steifere Konstruktion.

Neben diesen Ausführungen unterteilen sich die Bauarten in den sogenannten Schürzenblock (**Bild 5.3**), bei dem die Seitenwände (Schürzen) bis über die Hauptlagerbrücke heruntergezogen sind, und in die zweiteilige Bauweise mit Gehäuseoberteil und Gehäuseunterteil, auch Lagertraverse oder bed-plate genannt (**Bild 5.4**).

Bild 5.1: Kurbelgehäuse in offener Bauweise (open-deck)

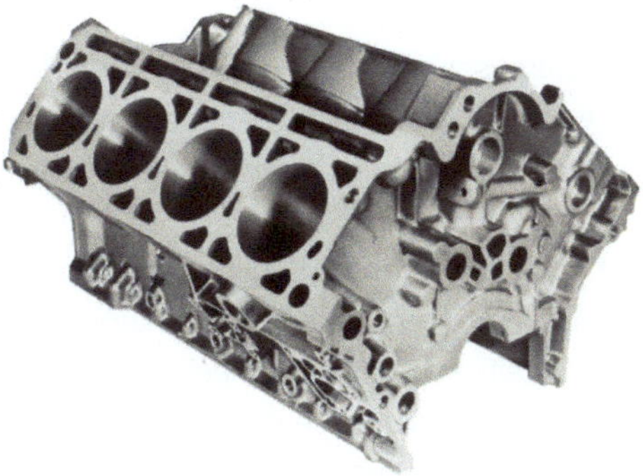

Bild 5.2: Kurbelgehäuse in geschlossener Bauweise (closed-deck)

Bild 5.3: Kurbelgehäuse als Schürzenblock

Bild 5.4: Kurbelgehäuse in zweiteiliger Bauweise mit bed-plate

Zur Vermeidung von Verformungen der Zylinderlaufflächen sind besondere konstruktive Maßnahmen zu treffen, was auch bei in Kurbelwellenrichtung zusammengegossenen Zylinderrohren, der sogenannten siamesischen Variante, gilt.

5.2.1 Maßnahmen zur Dämpfung der Geräuschabstrahlung

Das Kurbelgehäuse ist sowohl Quelle als auch Überträger von Geräuschen und Schwingungen. Zu den Quellen gehören:

- breitbandige Verbrennungsgeräusche,
- Kolbengeräusche,
- Schwingungsanregungen vom Kurbel- und Ventiltrieb,
- Eigenschwingungen von Anbauteilen,
- Eigenschwingungen des Aggregates.

Diese Geräusche und Schwingungen werden durch die Struktur des Kurbelgehäuses übertragen. Anregungen der Außenflächen verursachen eine Geräuschabstrahlung. Die Anregungen werden über die Motorträger auch auf die Fahrzeugstruktur übertragen.

Zur Reduzierung dieser Schwingungen und Geräuschabstrahlungen müssen größere ebene Flächen vermieden oder durch entsprechende Verrippungen versteift und die Biege- und Torsionssteifigkeit des Kurbelgehäuses optimiert werden. Das gilt besonders für Kurbelgehäuse aus Aluminium, die entweder zu verrippen (**Bild 5.5, links**) oder in zweiteiliger Bauweise (**Bild 5.4**) auszuführen sind. Ölwanne und Versteifungsplatten bilden einen Beitrag zur Biege- und Torsionssteifigkeit der Gesamtstruktur. Zusätzlich werden der Getriebeanschlussflansch und die Motorlagerstellen durch Rippen versteift.

Kurbelgehäuse aus Gusseisen haben wegen des dichteren Werkstoffs, des höheren E-Moduls und auch wegen der besseren Dämpfungseigenschaften einen deutlichen Vorteil (günstigeres

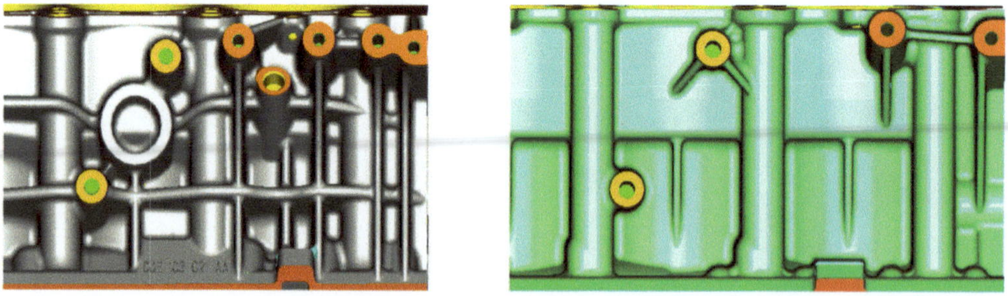

Bild 5.5: Ausschnitte von Kurbelgehäusen, links aus einem Aluminiumwerkstoff, rechts aus einem Eisenwerkstoff

akustisches Verhalten, geringere Verzüge) im Vergleich zu jenen aus Aluminium. Daher sind Kurbelgehäuse aus Gusseisen auch weniger verrippt (**Bild 5.5, rechts**).

5.2.2 Hauptlagersitze

Die Hauptlagersitze sind besonders hoch belastete Elemente innerhalb des Kurbelgehäuses. Bei der konstruktiven Auslegung ist darauf zu achten, dass keine örtlichen Spannungsspitzen auftreten (**Bild 5.6**). Standardmäßig nehmen die Lagersitze die Gewindelöcher zur Befestigung der Hauptlagerdeckel, Belüftungsbohrungen, Ölnuten und -kanäle auf.

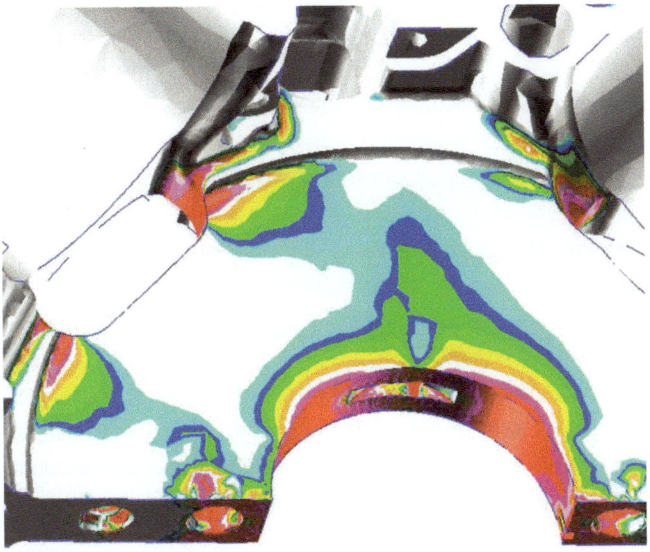

Bild 5.6:
Spannungsverläufe an einem Hauptlagersitz

Bei Hochleistungsmotoren ist die Verwendung mehrerer Hauptlagerschrauben eine gängige Maßnahme, um den hohen Kurbeltriebkräften Rechnung zu tragen, die in die Lagerdeckel übertragen werden. Zusätzlich können bei Deep-Skirt-Kurbelgehäusen (weit heruntergezogene Kurbelgehäusewandungen) zur weiteren Verbesserung der Lagerdeckelstruktur auch Querverschraubungen eingesetzt werden.

Die Zwischenwandsteifigkeit kann über eine weitere Versteifungsplatte erhöht werden, die zwischen dem Ölsumpf-Anschlussbereich des Zylinderblocks und dem Lagerdeckel selbst angebracht wird.

5.2.3 Kühlung

Die Temperaturen im Motor müssen aus verschiedenen Gründen in bestimmten Grenzen gehalten werden:

- hohe Temperaturgradienten bewirken thermische Spannungen, die die Lebensdauer reduzieren,
- hohe Temperaturen verringern die Ermüdungsfestigkeit bei Aluminiumlegierungen,
- hohe Temperaturen bewirken größere Verformungen des Kurbelgehäuses, speziell im Bereich der Zylinderlaufflächen,
- die Zylinderlaufflächen müssen gekühlt werden, um Zylinderverzüge und Überhitzung des Schmieröls insbesondere im OT-Bereich des ersten Kompressionsrings zu minimieren,
- höhere Temperaturen der Zylinderlaufflächen können eine Verschiebung des Zündzeitpunkts und damit eine Reduzierung des thermischen Wirkungsgrads erforderlich machen.

Die Betriebstemperatur des Motors wird mit der Kühlflüssigkeit geregelt. Besonders wichtig ist, dass die Zylinderlaufflächen zur Vermeidung thermisch bedingter Verformungen oder Überhitzungen außen möglichst gleichmäßig umspült werden.

Die Strömung der Kühlflüssigkeit ist von der Konzeption des Kühlsystems abhängig. Normalerweise wird die Kühlflüssigkeit von der Abgasseite her in das Kurbelgehäuse und von hier zu den Zylinderköpfen geleitet.

Der Kühlmantel wird heute mithilfe von CFD-Rechenprogrammen (Computational Fluid Dynamics, Strömungssimulation) in mehreren Optimierungszyklen ausgelegt. Eines der Ziele ist, die Kühlmittelmenge zu minimieren, damit der Motor rasch die Betriebstemperatur erreicht. Hierdurch sind Verbesserungen im Abgasverhalten und Kraftstoffverbrauch möglich.

Spezielles Augenmerk erfordert die Gefahr der Kavitation bei Zylinderlaufbuchsen, die in direktem Kontakt zum Kühlwasser stehen. MAHLE hat dieses Problem in umfangreichen Entwicklungsarbeiten untersucht.

5.3 Kurbelgehäusewerkstoffe

Kurbelgehäuse werden aus Eisen-, Aluminium- oder Magnesiumwerkstoffen gegossen. Je nach Anwendungszweck stehen unterschiedliche Legierungen zur Verfügung.

5.3.1 Gusseisen

Die wichtigsten Gusseisenwerkstoffe sind GJL (Gusseisen mit Lamellengrafit), GJV (Gusseisen mit Vermiculargrafit) und GJS (Gusseisen mit Kugelgrafit).

Kurbelgehäuse aus GJL sind

- preiswert,
- stabil hinsichtlich Verformungen sowohl der Zylinderlaufflächen als auch der Hauptlager,
- leicht bearbeitbar.

Der Werkstoff GJL kann auch als Zylinderlauffläche verwendet werden und unterstützt die Geräuschdämpfung. Nachteilig sind seine höhere Dichte, die niedrigere Wärmeleitfähigkeit im Verhältnis zu Aluminium sowie seine im Vergleich zu GJV und GJS geringere Belastbarkeit.

GJV ist höher belastbar als GJL, jedoch wegen seines stark reduzierten Schwefelanteils (Mangansulfid verhält sich während der Bearbeitung wie ein Schmiermittel) deutlich schlechter bearbeitbar als GJL. Wegen der höheren Kosten wird GJV gegenwärtig nur in aufgeladenen Dieselmotoren mit besonderem Anforderungsprofil verwendet. Bei sorgfältiger Optimierung der Struktur ermöglicht GJV auch niedrigere Wandstärken als GJL. Somit lassen sich deutlich leichtere Bauteile herstellen.

GJS ist höher belastbar als GJV (Zugfestigkeiten bis 900 MPa). Nachteilig sind jedoch höhere Kosten, erschwerte Gießbarkeit und schlechtere Wärmeleitfähigkeit.

5.3.2 Aluminiumlegierungen und Werkstoffeigenschaften

Aluminiumlegierungen überzeugen durch eine Kombination aus guter Wärmeleitfähigkeit, niedrigem Gewicht (**Tabelle 5.1**), leichter Bearbeitbarkeit und ausreichenden mechanischen Eigenschaften. Ein Vorteil von Aluminium-Kurbelgehäusen mit Aluminium-Zylinderlaufflächen ist, dass das Einbauspiel zwischen Kolben und Zylinderlauffläche wegen der Ähnlichkeit der Wärmeausdehnungskoeffizienten kleiner sein kann als bei Verwendung von Graugussbuchsen. Damit wird auch das Kolbengeräusch reduziert.

Tabelle 5.1: Gewichtseinsparung mit Aluminium im Vergleich zu GJV am Beispiel eines V6-Kurbelgehäuses

Kurbelgehäuse	GJV [%]	Al-Niederdruckguss [%]	Al-Sandguss [%]	Al-Sandguss mit Zylinderlaufbuchsen aus Eisen [%]
Gegossen	100	54	42	50
Bearbeitet	100	52	42	45
Vervollständigt	100	58	50	55
Vervollständigt mit Ölwanne	100	60	50	55

Der Gewichtsvorteil und die bessere Wärmeleitfähigkeit verbessern den thermischen Wirkungsgrad und damit den Kraftstoffverbrauch und die Abgasemission.

Diesen Vorteilen stehen eine geringere Steifigkeit, höhere Material- und Prozesskosten und reduzierte Festigkeitswerte des Aluminiums besonders bei Temperaturen von mehr als 200 °C gegenüber, wie **Bild 5.7** beispielhaft zeigt.

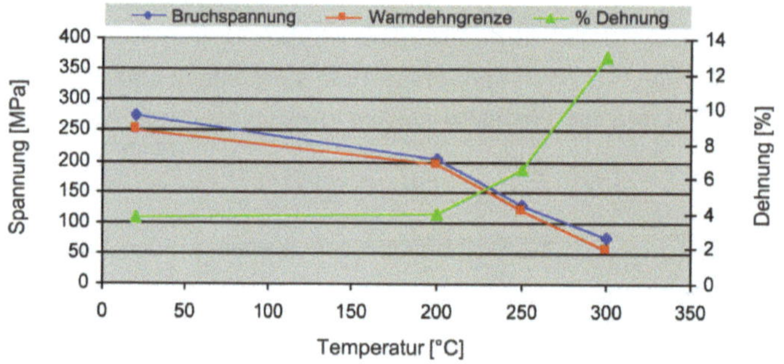

Bild 5.7: Beispielhafte Festigkeitswerte einer Aluminiumlegierung in Abhängigkeit von der Temperatur

Die wichtigsten Legierungselemente für die Verwendung von Aluminium in Kurbelgehäusen sind Magnesium, Mangan, Kupfer und Silizium. Mangan, Magnesium und Kupfer sind typische Legierungsbestandteile zur Verbesserung der mechanischen Festigkeit des Aluminiums. Insbesondere oberhalb von 150 °C verbessert Kupfer die Festigkeitseigenschaften von Aluminium-Silizium-Legierungen.

Silizium verbessert die Gießeigenschaften und das Verschleißverhalten des Gefüges der Zylinderlaufflächen. In Kurbelgehäusen aus übereutektischen Legierungen (Si ≥ 12,5 %) kann zwischen den Zylindern eine minimale Stegbreite von 4 mm realisiert werden.

Die **Tabellen 5.2** und **5.3** geben einen Überblick über die Zusammensetzung und Eigenschaften der bei MAHLE für Kurbelgehäuse, Zylinderköpfe und Zylinderlaufbuchsen eingesetzten Aluminiumlegierungen. Typische Werkstoffgefüge sind in **Bild 5.8** dargestellt.

Tabelle 5.2: Chemische Zusammensetzung von MAHLE Aluminiumlegierungen für Zylinderlaufbuchsen

Legierungs-bezeichnung		**MAHLE 147** AlSi17Cu4Mg	**MAHLE 233** AlSi10MgCu	**MAHLE 124V** **MAHLE 124P** AlSi12MgCuNi	**226 (EN-AC 46000)** GD-AlSi9Cu3(Fe) nach EN 1706
Legierungs-elemente Gewichts-%	Si	16,0 – 18,0	9,0 – 11,0	11,0 – 13,0	8,0 – 11,0
	Cu	4,0 – 5,0	0,6 – 1,0	0,8 – 1,5	2,0 – 4,0
	Mg	0,4 – 0,7	0,2 – 0,5	0,8 – 1,3	0,05 – 0,55
	Ni	–	Max. 0,15	0,8 – 1,3	Max. 0,55
	Fe	Max. 0,7	Max. 0,6	Max. 0,7	Max. 1,3
	Mn	Max. 0,2	0,1 – 0,4	Max. 0,3	Max. 0,55
	Ti	Max. 0,2	Max. 0,15	Max. 0,2	Max. 0,25
	Zn	Max. 0,2	Max. 0,3	Max. 0,3	Max. 1,2
	Cr	Max. 0,05	–	Max. 0,05	Max. 0,15
	Al	Rest	Rest	Rest	Rest

Eine besondere Stellung unter den Al-Zylinderlegierungen nimmt die übereutektische AlSi-Legierung MAHLE 147 (vergleichbar der in USA genormten Legierung Reynolds 390) ein. Durch ihren hohen Anteil an primär ausgeschiedenen harten Siliziumkristallen (**Bild 5.8a**) hat sie einen hervorragenden Verschleißwiderstand. In Verbindung mit einer speziellen Bearbeitung der Zylinderlauffläche, welche die Siliziumkristalle plateauförmig freilegt, erhält man auch ohne Beschichtung gute Laufeigenschaften. Die Legierung MAHLE 147 ist für Niederdruck-Kokillenguss besonders gut geeignet und wird in großem Umfang für monolithische Kurbelgehäuse eingesetzt. Auch Zylinderlaufbuchsen sind daraus herstellbar.

Die harten Siliziumkristalle stellen jedoch erhöhte Anforderungen an die spanende Bearbeitung. Aus diesem Grund werden laufflächenbeschichtete oder mit Zylinderlaufbuchsen bewehrte Kurbelgehäuse vorzugsweise aus leichter bearbeitbaren untereutektischen AlSi-Legierungen hergestellt. Als Werkstoff hoher Festigkeit mit gleichzeitig guter Eignung für die Verarbeitung im Sand- und Niederdruck-Kokillenguss wird die Legierung MAHLE 233 eingesetzt (**Bild 5.8b**). Sie wurde auf Grundlage der genormten Legierung 233 (EN-AC43200 nach

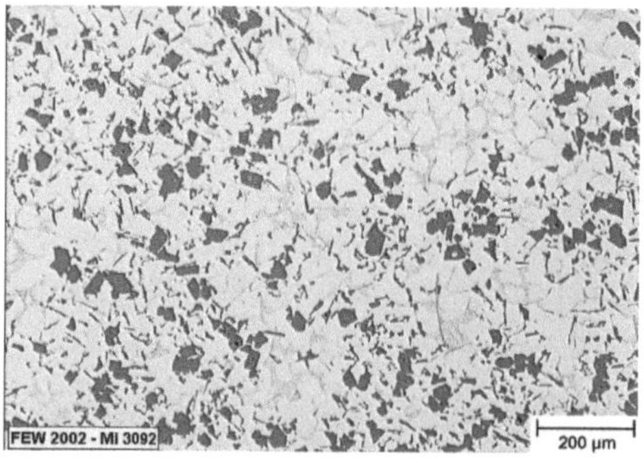

a) MAHLE 147

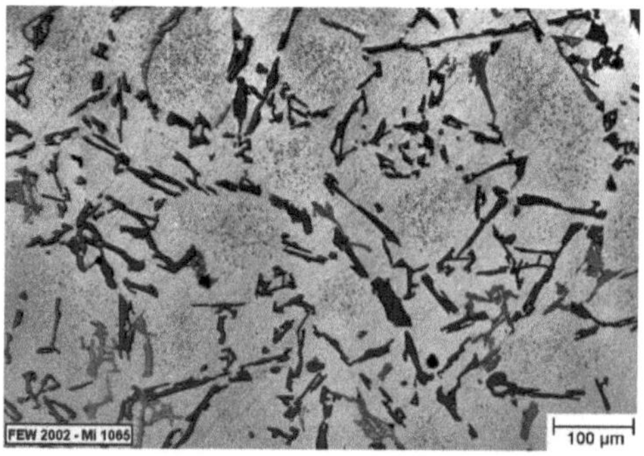

b) MAHLE 233

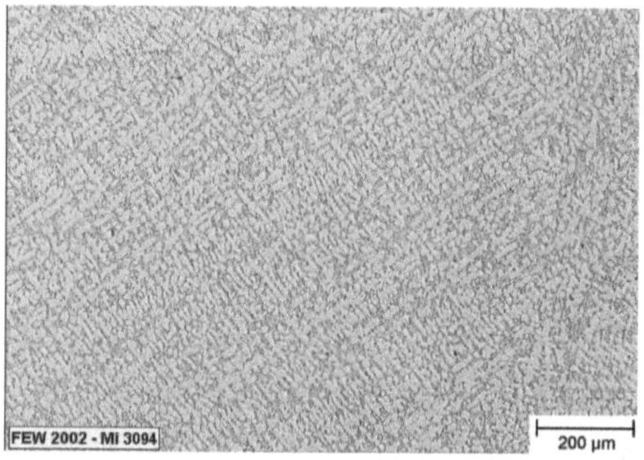

c) MAHLE 124V

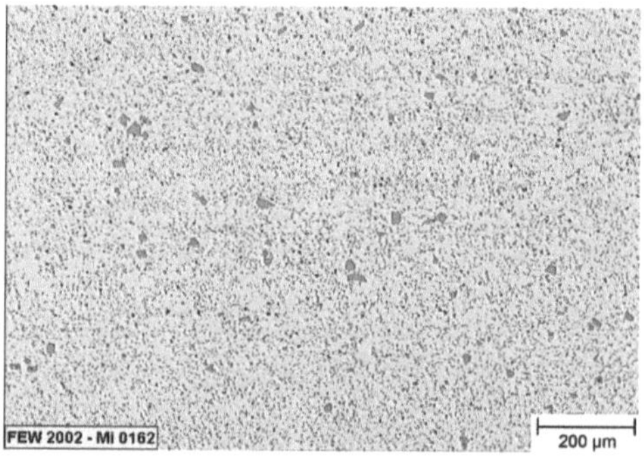

d) MAHLE 124P

Bild 5.8: Gefügebilder von MAHLE Aluminiumlegierungen

EN 1706) entwickelt und enthält Cu als zusätzliches Legierungselement zur Verbesserung der Warmfestigkeit. Auch Lagertraversen (bed-plates) für geteilte Kurbelgehäuse können aus dieser Legierung hergestellt werden. Es ist heute allerdings üblich, die Lagertraversen aus Standard-Legierungen und eingegossenen Eiseneinsätzen herzustellen, um die Hauptkurbeltrieblasten aufzunehmen.

Für NIKASIL®- bzw. CROMAL®-laufflächenbeschichtete Rippenzylinder luftgekühlter Motoren, die relativ hohen Temperaturen ausgesetzt sind, findet die eutektische Legierung MAHLE 124V Verwendung (**Bild 5.8c**). Sie ist eine Variante der Kolbenlegierung MAHLE 124 mit veredelter Gefügeausbildung. Durch die Veredelung wird u.a. das Formfüllungsvermögen der Legierung verbessert, was für das Gießen der sehr dünnwandigen Rippen wichtig ist. Für weniger hoch beanspruchte, im Druckgussverfahren gefertigte Rippenzylinder wird die genormte Legierung 226 (EN-AC 46000 nach EN 1706) verwendet.

Für geschmiedete Zylinderlaufbuchsen von Sportmotoren findet die Kolbenlegierung MAHLE 124P in Verbindung mit einer NIKASIL®-Laufflächen-Beschichtung Anwendung (**Bild 5.8d**).

Tabelle 5.3: Mechanische und physikalische Eigenschaften von MAHLE Aluminiumlegierungen

Legierungsbezeichnung		MAHLE 147	MAHLE 233	MAHLE 124V	MAHLE 124P
Herstellverfahren		ND-Kokillenguss	ND-Kokillenguss	ND-Kokillenguss	geschmiedet
Härte HB10		90 – 120	85 – 110	90 – 125	90 – 125
Zugfestigkeit R_m [MPa]	20 °C	180 – 220	190 – 250	210 – 230	300
	150 °C	160 – 210	180 – 220	180 – 200	250
Streckgrenze $R_{p0,2}$ [MPa]	20 °C	160 – 210	160 – 210	190 – 210	280
	150 °C	150 – 190	150 – 200	170 – 180	230
Bruchdehnung A5 [%]	20 °C	0,5	< 1	< 1	< 1
	150 °C	0,5	1	1	4
Biegewechselfestigkeit σ_{bw} [MPa]	20 °C	70	80	90 – 100	130
	150 °C	60	70	75 – 80	115
Elastizitätsmodul E [MPa]	20 °C	84 000	78 000	80 000	
	150 °C	79 000	76 000	77 000	
Wärmeleitfähigkeit λ [W/mK]	20 °C	152	155	155	
	150 °C	153	156	156	
Wärmeausdehnung [10^{-6} m/mK]	20 – 100 °C	19,4	22	19,6	
	20 – 200 °C	20,4	22,4	20,6	
Dichte ρ [g/cm^3]	20 °C	2,7	2,7	2,68	

5.3.2.1 Einfluss des Gießvorgangs auf die Werkstoffeigenschaften von Aluminiumlegierungen

Die lokalen Werkstoffeigenschaften eines in Aluminium gegossenen Kurbelgehäuses hängen von der lokalen Formfüllgeschwindigkeit, den Querschnitten und damit der lokalen Abkühlgeschwindigkeit beim Gießen ab (**Bild 5.9**).

Vor der Erstellung einer Gießeinrichtung führt MAHLE mithilfe eines CFD-Programms eine Gießsimulation zur Ermittlung insbesondere folgender Daten durch:

- Festlegung eines Füllungs- und Erstarrungsprofils,
- flüssiger Anteil der Schmelze,
- Fehleranalyse,
- Erstarrungszeit,
- Abstand der Dendriten,
- Unterschreitung einer maximal zulässigen Porosität,
- Optimierung der Kühlung im Werkzeug.

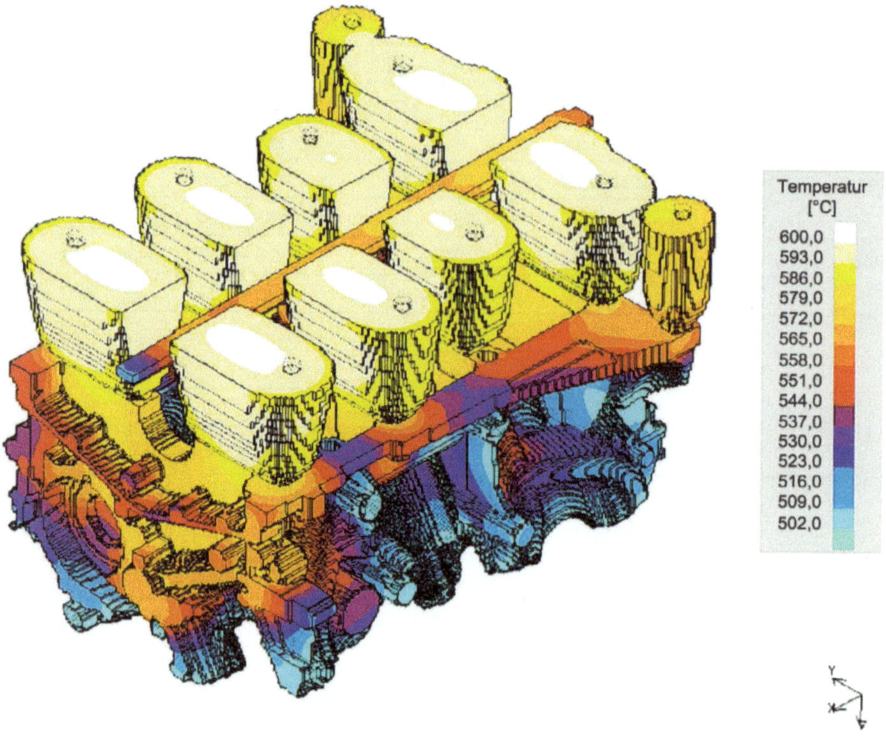

Bild 5.9: Analyse des Erstarrungsprofils in der Gießform für ein Kurbelgehäuse

In einer weiteren Analyse erfolgt eine Vorausberechnung der Restspannungen und der örtlichen Werkstoffeigenschaften mithilfe eines speziellen Berechnungsprogramms.

5.3.2.2 Einfluss der Wärmebehandlung auf die Eigenschaften von gegossenen Aluminiumlegierungen

Die Wärmebehandlung von gegossenen Aluminiumlegierungen dient der Einstellung der Werkstoffeigenschaften. Sie ist auf jeden Werkstoff und dessen spätere Anwendung abzustimmen.

Eine der Möglichkeiten ist die Warmauslagerung nach dem Gießen. Haltezeit und Temperatur bestimmen die endgültigen mechanischen Eigenschaften des Produkts.

Eine Verbesserung der Ermüdungsfestigkeit ist durch das heiß-isostatische Pressen (HIP) erreichbar. Bei diesem Verfahren wird das Gussstück vor der Wärmebehandlung in einer inerten Atmosphäre unter hohem Druck und Temperatur gehalten. Das Material wird hierbei verdichtet und die Porosität reduziert.

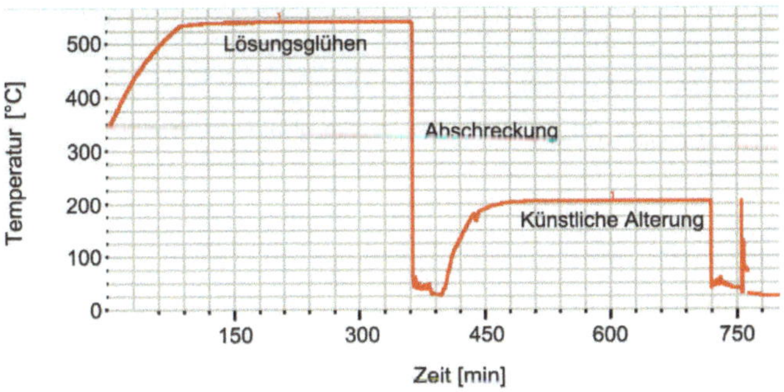

Bild 5.10: Beispielhafter Verlauf der Wärmebehandlung eines Sandgussteils aus einer Aluminiumlegierung

Bei Sandgussteilen kann die Wärmebehandlung aus einem mehrstufigen Zyklus (**Bild 5.10**) bestehen. Während des Lösungsglühens werden die Gussstücke mehrere Stunden bei einer Temperatur dicht unterhalb ihrer Schmelztemperatur gelagert, wobei die Legierungsbestandteile in Lösung gehen. Anschließend werden die Teile abgeschreckt. Hierdurch können allerdings Eigenspannungen im Bauteil entstehen. Es schließt sich eine Warmauslagerung (künstliche Alterung) an.

5.3.3 Magnesium

Wegen seiner gegenüber Aluminium um 35 % geringeren Dichte und seines geringen E-Moduls wird Magnesium gewöhnlich bei Motorteilen ohne Strukturaufgaben verwendet. Als Werkstoff für Kurbelgehäuse weist es einige Nachteile auf:

- erhöhte Kriechneigung bei höheren Temperaturen,
- Verlust der Vorspannung bei höheren Temperaturen bei Verwendung von Stahlschrauben,
- Tendenz zur galvanischen Korrosion bei Kontakt mit Stahl,
- Korrosionsneigung in Verbindung mit Kühlmitteln.

Eine mögliche Lösung zur Verringerung des Bauteilgewichts ist es, hoch belastete Stellen in einer übereutektischen Aluminiumlegierung herzustellen, die mit Magnesium umgossen werden. Mit einer hybridischen Kombination aus Magnesium und Aluminium ist bei einem entsprechenden Bauteil eine Gewichtseinsparung von bis zu 25 % erzielbar.

5.3.4 Werkstofftrends

Der Trend zu immer höheren Leistungsgewichten setzt neue Werkstoffe voraus. Das betrifft zunächst Pkw-Dieselmotoren mit Arbeitsdrücken bis zu 200 bar. Hiermit ist die Leistungsgrenze für den Einsatz von Aluminium-Kurbelgehäusen erreicht. Bei niedriger belasteten Motoren, wie Ottomotoren, wird Aluminium dominant bleiben, mit Ausnahme von Fällen, in welchen die Kosten einen wesentlichen Faktor darstellen oder in denen Höchstleistungsderivate angestrebt werden. Magnesium wird wegen seiner geringeren Wärmestabilität und Kriechneigung, seines korrosiven Verhaltens und auch seiner höheren Kosten nur be-schränkte Anwendung finden.

5.3.5 Einfluss des Gießverfahrens auf die Gestaltung des Kurbelgehäuses

Die technischen Anforderungen und die erforderlichen Werkzeuge und damit die Kosten haben einen erheblichen Einfluss auf die Wahl des Gießverfahrens. Diese Entscheidung wird meist vor dem Erstentwurf des Bauteils getroffen. Es ist daher wichtig, die Vor- und Nachteile der einzelnen Gießverfahren zu kennen. Einige der gängigen Gießverfahren und damit verbundene konstruktive Gestaltungen werden nachfolgend dargestellt.

5.3.5.1 Sandguss

Sandgussteile werden in einer Sandform mit eingesetzten Sandkernen gegossen. Hierbei kann es sich um einzelne Kerne oder auch Kernpakete handeln (**Bild 5.11**). Das geschmolzene Metall wird entweder von oben eingegossen oder von unten in die Form gepumpt. **Bild 5.12** zeigt eine Gießform mit Formfüllung von unten. Die Kerne werden meist aus Sand oder im CPS-Verfahren (Kernpaketsand-Verfahren) hergestellt.

Bild 5.11:
Einlegen eines Kernpaketes in eine Gießform

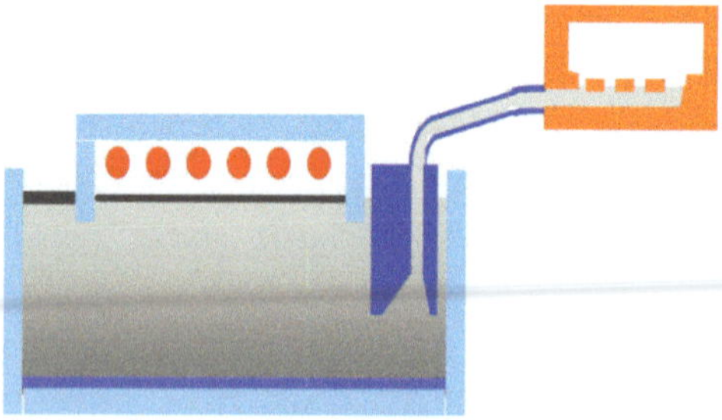

Bild 5.12:
Prinzip einer Gießform mit Füllung von unten

5.3.5.2 COSCAST™-Verfahren

Eine Variante des Sandguss-Verfahrens ist das patentierte COSCAST™-Verfahren, bei dem die Kerne aus Zirkonsand hergestellt werden. Dieses Material ergibt aufgrund seiner Formgenauigkeit Präzisionsgussteile mit hoher Oberflächengüte. Die Dichte des Sands ist der von Aluminium sehr ähnlich. Dadurch kommt es nur zu sehr geringfügigen Bewegungen der Gusskernteile, womit sich die Maßgenauigkeit der hergestellten Teile zusätzlich verbessert. Die Aluminium-Schmelze wird mithilfe einer Keramikpumpe von unten in die Form gefüllt; zur Erstarrung wird sie dann um 180° gedreht. Das Verfahren eignet sich besonders für kleine und mittlere Losgrößen. Der Zirkonsand kann auch über einen thermischen Prozess recycelt und wiederverwendet werden.

5.3.5.3 Formsand – „grüner Sand"

Sandkerne aus Formsand sind mit Lehm oder Ton gebunden und haben einen relativ hohen Feuchtegehalt. Die Feuchte wird während des Gießens vom Aluminium aufgenommen und verursacht eine gewisse Porosität im Gussteil. Damit ist eine unerwünschte Verringerung der mechanischen Festigkeit verbunden. Dieses Verfahren ist für die Serie trotz der Kostenvorteile nicht immer geeignet.

5.3.5.4 CPS-Verfahren

Der Sandkern wird hier chemisch gebunden, z.B. mit Harz. Das Bindemittel wird je nach Art anschließend im Ofen oder durch Infiltration mit Gas oder auch nur bei Raumtemperatur ausgehärtet. Es werden Sande aus Silizium oder Zirkon verwendet. Zirkon hat einen sehr kleinen Wärmeausdehnungskoeffizienten und eine dem Aluminium ähnliche Dichte. Kerne aus Zirkonsand werden bevorzugt für Gussteile mit hoher Maßgenauigkeit, bei komplizierten Kernen und hohen Anforderungen an die mechanische Festigkeit verwendet.

Die prinzipiellen Vorteile von Sandguss für Kurbelgehäuse bestehen in den Möglichkeiten:

- Öl- und sonstige Kanäle sowie Kühlmäntel mit einzugießen,
- Bohrungen und Aussparungen zu gießen (Gewichtsersparnis),
- die Werkstoffeigenschaften durch Wärmebehandlung zu verbessern.

Prinzipielle Nachteile dieses Verfahrens sind die erforderlichen hohen Investitionskosten für die Massenproduktion (lange Fertigungszeiten) und die schwierige Kühlung kritischer Bereiche (die Möglichkeiten zur gezielten Kühlung sind auf die Verwendung von Kühleinsätzen beschränkt). Die mangelnde Kühlfähigkeit erschwert das Gießen von übereutektischen Legierungen.

5.3.5.5 Vollformgießverfahren (Lost-Foam-Verfahren)

Es werden Kerne aus Polystyrolschaum hergestellt, mit einem hitzebeständigen Anstrich versehen und in der Gießform platziert. Beim Einlassen des flüssigen Metalls wird der Schaumstoff vergast.

Mit derartigen Kernen lassen sich komplizierte Kurbelgehäuse mit einem hohen Anteil an integrierten Anbauteilen zu vertretbaren Kosten fertigen. Die Möglichkeit der Integration von Kühlkanälen ist jedoch beschränkt, sodass es schwierig werden kann, an kritischen Stellen die erforderliche Abkühlgeschwindigkeit prozesssicher zu erreichen.

5.3.5.6 Kokillenguss

Beim Kokillenguss werden wiederverwendbare Formen und Kerne verwendet, wobei das Metall unter Druck in die Hohlform eingegossen wird.

Die Charakteristiken dieses Verfahrens sind hohe Maßhaltigkeit, sehr gute Oberflächen und hohe Werkzeugkosten. Kurbelgehäuse werden bei mittleren bis hohen Produktionszahlen meistens in Kokillengussformen hergestellt.

5.3.5.7 Schwerkraftguss

Das geschmolzene Aluminium wird unter Einfluss der Schwerkraft in die Form eingefüllt. Wegen des niedrigen Fülldrucks sind auch verlorene Sandkerne verwendbar und es herrscht nur geringe Turbulenz. Die Maßhaltigkeit ist gut. Die lokale Werkstoffstruktur kann bei Bedarf durch gezielte Kühlung verbessert werden. Ferner lassen sich die Werkstoffeigenschaften durch gezielte Wärmebehandlung, z. B. Lösungsglühen, Abschrecken und künstliches Altern stabilisieren (Abschnitt 5.3.2.2).

5.3.5.8 Niederdruckguss

Das Füllen der Form unter kontrolliertem Druck eröffnet einige Vorteile im Vergleich zum normalen Schwerkraftguss. Durch Steuerung der Einfüllgeschwindigkeit werden bessere mechanische Eigenschaften erzielt und durch Halten des Drucks während des Erstarrungsvorgangs wird die Porosität des Teils gezielt kontrolliert.

5.3.5.9 Druckguss

Das Aluminium wird unter hohem Druck in die Form gefüllt. Hoher Druck und rasche Füllung erlauben das Gießen dünnwandiger Teile, Verbesserung der Werkstoffeigenschaften durch intensive Kühlung sowie kurze Taktzeiten. Nachteilig ist, dass die Verwendung von Einlegeteilen limitiert und teuer ist, da das Risiko der Absorption von Gasen und damit der Porosität steigt und ohne Entgasung der Gießform eine nachträgliche Wärmebehandlung nicht möglich ist. Es ist gängig, Gusseiseneinlegeteile für Laufbuchsen oder Lagereinsätze in Aluminiumdruckgussbauteilen zu verwenden.

5.3.5.10 Squeeze Casting

Im Vergleich zum „einfachen" Druckgussverfahren nach Abschnitt 5.3.5.9 wird hier die Schmelze von unten durch ein Steigrohr mit geringerer Geschwindigkeit in die Form gefüllt. Auch hier wird während des Erstarrungsvorgangs ein hoher Druck gehalten. Kurbelgehäuse werden nach diesem Verfahren bevorzugt vertikal gegossen, wobei eine effektivere Entgasung während des Füllungsprozesses und damit eine Verringerung von Gaseinschlüssen erzielt wird. Durch nachträgliche Wärmebehandlung wird eine Verbesserung der Materialeigenschaften erreicht. Die erforderlichen Wandstärken sind bei diesem Verfahren meist etwas größer als beim Druckgussverfahren. Die Verwendung einer offenen Silizium-Matrixstruktur als Einlegeteil kann zusätzlich die lokalen Materialeigenschaften (z. B. im Zylinderbereich des Kurbelgehäuses) verbessern.

5.3.5.11 Semi-Solid-Verfahren

Ein neu entwickeltes Gießverfahren zur Herstellung von Kurbelgehäusen verarbeitet Aluminium in halbfestem (thixotropem/rheotropem) Zustand. Bei diesem Prozess wird das Aluminium bis zu der entsprechenden Temperatur erwärmt und dann unter hohem Druck in die Gießform eingespritzt. Bei thixotropem Guss werden die Aluminiumbarren mit nicht-dendritischer Struktur induktiv auf die entsprechende Temperatur erwärmt und dann in die Gießform gespritzt. Bei rheotropem Guss wird das flüssige Metall bis in die halbflüssige Phase, in welcher sich noch keine Dendriten gebildet haben, abgekühlt und dann in die Gießform eingespritzt. Beide Verfahren vermeiden Lufteinschlüsse, haben eine geringere Schwindung, kürzere Erstarrungszeiten, bilden feinkörnigere Strukturen und bieten die Möglichkeit, durch weitere Wärmebehandlung die Werkstoffeigenschaften zu verbessern.

5.4 Zylinderlaufbuchsen und Zylinderlaufflächen

5.4.1 Anforderungen an die Zylinderlauffläche

Wegen der Hubbewegung von Kolben und Kolbenringen ist auch deren Partner, die Zylinderlauffläche, einer Verschleißbeanspruchung ausgesetzt. Der Verschleiß entsteht insbesondere am oberen Umkehrpunkt der Kolbenringe, da hier durch den Richtungswechsel der bewegten Teile die Schmierung eingeschränkt ist. Das Verschleißverhalten der Lauffläche und der Kolbenringe wird wesentlich von der für beide Bauteile gewählten Werkstoffpaarung bestimmt. Um den Verschleiß zu verringern, soll die Lauffläche einerseits glatt sein und andererseits die Schmierung zwischen den Gleitpartnern sicherstellen. Die Art und Qualität der Lauffläche beeinflussen neben dem Verschleiß der Laufpartner auch den Ölverbrauch.

5.4.2 Zylinderlaufflächen in Aluminium-Kurbelgehäusen

Das monolithische Aluminium-Kurbelgehäuse basiert auf einer übereutektischen AlSi-Legierung (z. B. AlSi 17), wobei die Zylinderlaufflächen durch chemisches Ätzen oder mechanisches Freilegen (Spezialhonung) der primären Siliziumkristalle hergestellt werden. Die Zertrümmerungsrate der Siliziumkristalle darf bei beiden Verfahren einen oberen Grenzwert nicht überschreiten.

Beim quasi-monolithischen Kurbelgehäuse wird die Lauffläche beschichtet, z. B. mit der galvanischen MAHLE NIKASIL®-Schicht (**Bild 5.27**), mit plasma-thermischen Spritzverfahren (Plasma Transfer Wire Arc (PTWA), High Velocity Oxygen Fuel (HVOF)) oder Laser-Drehspritzen (LDS). Alternativ können durch lokales Werkstoff-Engineering Laufflächen durch Laserlegieren (z. B. mit Silizium) oder durch den Einsatz von Al-Matrix-Verbundwerkstoffen (Preforms) mit anschließender Endbearbeitung gebildet werden.

Die dominierende Konstruktion für Kraftfahrzeuganwendungen ist jedoch das heterogene Kurbelgehäuse, bei dem eingegossene oder eingesetzte Zylinderlaufbuchsen aus GJL die Laufflächen bilden.

Neben den allgemeinen Anforderungen an die Zylinderlauffläche müssen für Zylinderlaufbuchsen weitere Bedingungen berücksichtigt werden. Die Wandstärke und die Werkstofffestigkeit müssen ausreichend hoch sein, damit die Zylinderlaufbuchsen nicht reißen. Die Finite-Elemente-Berechnung ermöglicht es, die Konstruktion und die Werkstoffauswahl den Belastungen aus Montage, Temperatur, Zünddruck und Kolbenseitenkraft anzupassen. Aus der Montage herrührende Spannungen werden wesentlich von der Zahl, dem Anzugsmoment und der Anordnung der Zylinderkopfschrauben sowie der gewählten Zylinderkopfdichtung

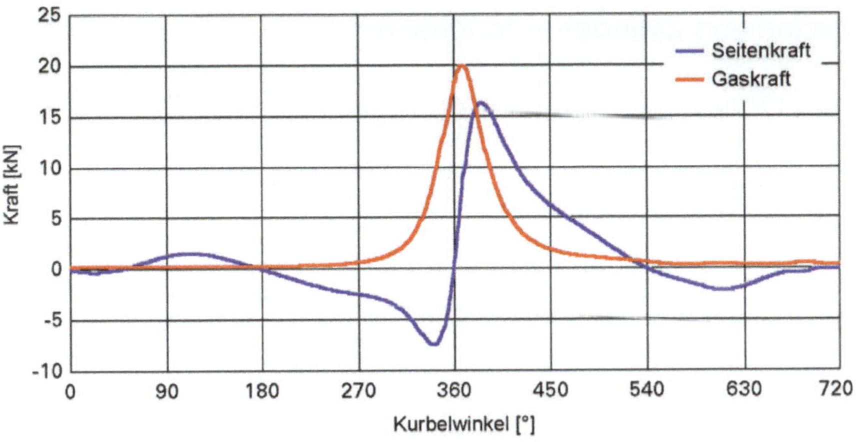

Bild 5.13: Gaskraft und Seitenkraft als Funktion des Kurbelwinkels

bestimmt. **Bild 5.13** zeigt einen typischen Gasdruck- und Seitenkraftverlauf als Funktion des Kurbelwinkels. Das Maximum der Seitenkraft ist dem Maximum des Gasdrucks zeitlich nachgelagert, wobei die Seitenkraft nur im Anlagebereich des Kolbens quer zur Bolzenachse wirkt.

Resultierend aus der Temperaturverteilung, den Seitenkräften und der Schraubenanordnung sind die Belastungen der Zylinderlaufbuchsen wie auch die Spannungen und Verformungen am Umfang jedoch unterschiedlich. In **Bild 5.14** sind am Beispiel der Unterseite des Flansches einer Zylinderlaufbuchse die sich ergebenden Spannungen für den Lastfall Montage und Temperatur sowie die Überlagerung aller Lastfälle bei maximaler Seitenkraft dargestellt. Die maximale Spannung tritt hier im Bereich des Radius der Auflage der Zylinderlaufbuchse im Kurbelgehäuse auf. Anhand von Dauerfestigkeitsschaubildern wird der Einfluss von Konstruktions- und Werkstoffänderungen auf den örtlichen Sicherheitsfaktor bewertet.

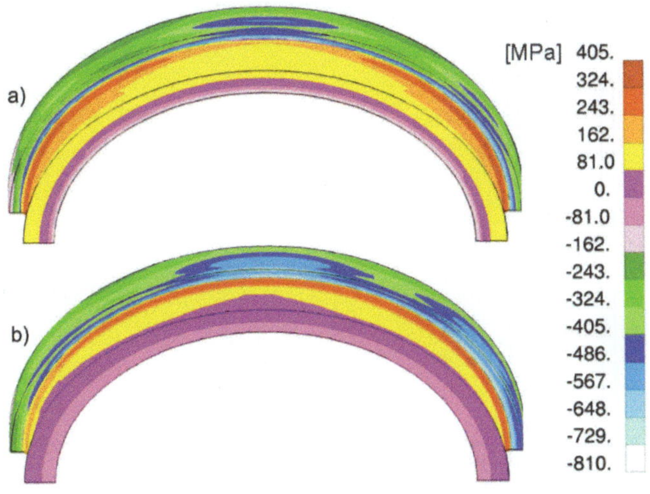

Bild 5.14:
Maximalspannungen an der Unterseite des Flansches einer Zylinderlaufbuchse für die Lastfälle:
a) Montage + Temperatur + max. Seitenkraft + Gaskraft
b) Montage + Temperatur

5.4.3 Bauarten von Zylinderlaufbuchsen

Die konstruktive Ausführung der Zylinderlaufbuchsen richtet sich u.a. nach dem Einsatzgebiet des Motors.

Bei Pkw-Motoren werden Zylinderlaufbuchsen in Kurbelgehäuse aus Aluminium eingegossen. Eine Austauschbarkeit der Zylinderlaufbuchsen erscheint wegen relativ geringer Laufleistungen dieser Motoren nicht notwendig.

Zur Erzielung formschlüssiger Verbindungen beim Eingießen wird die äußere Oberfläche der Zylinderlaufbuchsen z.B. durch eine spanende Bearbeitung rilliert (**Bild 5.15a**). Sogenannte Raugussbuchsen werden mit einer rauen Oberfläche gegossen (**Bild 5.15b**). Raugussbuchsen bieten aufgrund ihrer festen Verklammerung im Kurbelgehäuse eine hervorragende Wärmeabfuhr aus dem Brennraum. Auch eine Beschichtung der Außenfläche dieser Zylinderlaufbuchsen mit Leichtmetalllegierungen zwecks besserer Anbindung an den Gehäusewerkstoff ist möglich.

Die geometrische Auslegung der Zylinderlaufbuchsen ist auf die Bauraumgestaltung des Motors und das Gießverfahren abzustimmen. Die Zylinderlaufbuchsen werden im Kurbelgehäuse fein gebohrt und gehont (Abschnitt 5.4.5). Die verbleibende tragende Restwandstärke von Grauguss-Raugussbuchsen soll 1 – 1,5 mm nicht unterschreiten. Die Wandstärke hängt von der zulässigen Stegbreite zwischen den Zylinderlaufbuchsen, der Rautiefe am Außendurchmesser und vom Versatz während des Eingießens ab.

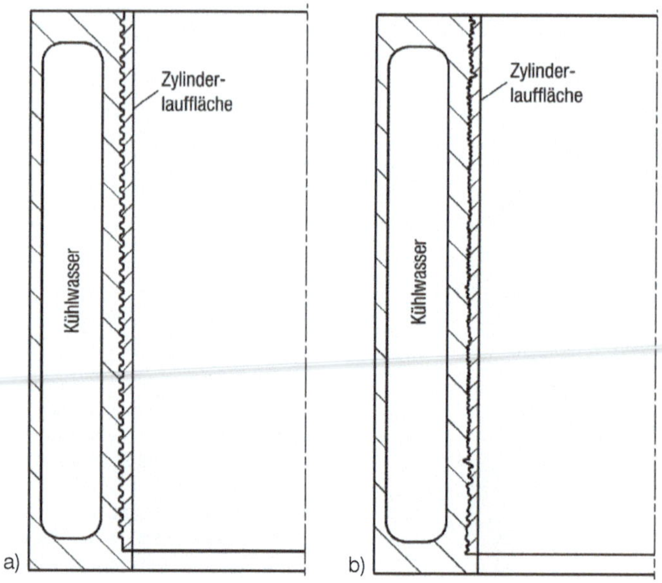

Bild 5.15:
Eingussbuchsen für Leichtmetallgehäuse:
a) Rillierte Zylinderlaufbuchse,
b) Raugussbuchse

Bei Verwendung in Druckgussgehäusen können bei Raugussbuchsen Rautiefen bis etwa 1,5 mm verwendet werden. Beim Eingießen im Schwerkraftguss soll eine Rautiefe von 1 mm nicht überschritten werden. Für den Stegabstand zwischen zwei Zylinderlaufbuchsen gelten je nach Eingießmethode (Schwerkraftguss, Druckguss mit ein- oder zweiseitigem Anschnitt) unterschiedliche Grenzmaße.

Neben den üblichen Raugussbuchsen aus Gusseisen hat MAHLE auch eine Raugussbuchse aus einer übereutektischen Aluminium-Silizium-Legierung und einem Aluminium-Buchsenverbund entwickelt.

Bei Großmotoren zur Energieerzeugung oder Nfz-Motoren verschleißt die Lauffläche aufgrund hoher Zylinderlaufleistungen relativ stark. Da auch die Laufleistung dieser Motoren in der Regel sehr viel höher ist als bei Pkw-Motoren, werden meistens austauschbare Zylinderlaufbuchsen aus geeigneten Werkstoffen verwendet (Abschnitt 5.4.4).

Bei in das Kurbelgehäuse eingesetzten Zylinderlaufbuchsen ist zwischen „trockenen" und „nassen" Zylinderlaufbuchsen zu unterscheiden.

Trockene Zylinderlaufbuchsen aus Gusseisen sind mit Wanddicken von 1,5 – 4 mm relativ dünnwandig. Dadurch beanspruchen sie nur geringen Bauraum, stehen aber nicht in direktem Kontakt mit dem Kühlwasser (**Bild 5.16**). Es ist eine genaue Abstimmung der Einbauspiele zwischen Kurbelgehäuse und Zylinderlaufbuchse erforderlich. Dadurch werden risserzeugende Spannungsspitzen vermieden und auch der Kontaktverlust zwischen der Einlage und der Kurbelgehäusestruktur verhindert.

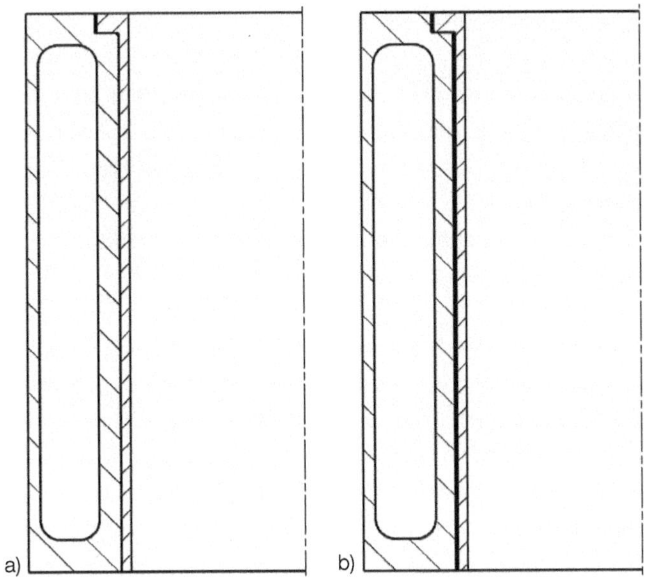

Bild 5.16:
Trockene Zylinderlaufbuchsen
a) Eingepresste Zylinderlaufbuchse, Presspassung,
b) Eingeschobene Zylinderlaufbuchse, Übergangspassung

Die axiale Lage austauschbarer Zylinderlaufbuchsen wird im Kurbelgehäuse durch einen Flansch, meist an der Oberseite bestimmt. Trockene Zylinderlaufbuchsen werden mit einer Press- bzw. Übermaßpassung (**Bild 5.16a**) oder mit einer Übergangspassung (z.B. H7/n6) (**Bild 5.16b**) im Kurbelgehäuse eingesetzt. Zylinderlaufbuchsen mit Übermaßpassung werden erst nach dem Einbau in das Kurbelgehäuse fertig bearbeitet.

Zylinderlaufbuchsen mit Übermaßpassung haben einen besseren Wärmeübergang zum Kurbelgehäuse. Diese Lösung wird z. B. gewählt, wenn Graugussbuchsen in Kurbelgehäuse aus Aluminium eingebaut werden. Ein guter Wärmeübergang ist allerdings nur dann gewährleistet, wenn eine Überdeckung bei allen herrschenden Betriebstemperaturen im Aluminiumgehäuse vorliegt. Für den Einbau bieten sich hier Passungen ähnlich den ISO-Passungen N7/r6 (Überdeckung ~ 0,05 – 0,10 mm) oder bei Motoren mit erhöhten Betriebstemperaturen auch R7/r6 (Überdeckung ~ 0,075 – 0,125 mm) an. Diese Übermaßpassungen machen es in der Regel erforderlich, die Zylinderlaufbuchsen bei der Montage mit flüssigem Stickstoff abzukühlen bzw. das Kurbelgehäuse zu erwärmen.

Bei einem Kurbelgehäuse aus Gusseisen besteht das Problem des Ablösens nicht, da Zylinderlaufbuchsen und Gehäuse einen ähnlichen Wärmeausdehnungskoeffizienten haben. Hier ist eine ISO-Passung K7/r6 (Überdeckung ~ 0,03 – 0,08 mm) zu empfehlen. In jedem Fall ist die zu wählende Überdeckung auf die Betriebstemperaturen des Motors und den jeweiligen Montageprozess abzustimmen.

Zylinderlaufbuchsen mit einer Übergangspassung, die also bereits fertig bearbeitet sind, werden bei Nutzfahrzeugmotoren mit mittleren Leistungen verwendet. Trockene Zylinderlaufbuchsen werden jedoch bei modernen Hochleistungsmotoren nicht mehr bevorzugt eingesetzt. Hier kommen nasse Zylinderlaufbuchsen zur Anwendung.

Nasse Zylinderlaufbuchsen stehen in direktem Kontakt mit dem Kühlwasser (**Bild 5.17**) und gewährleisten so eine hervorragende Wärmeabfuhr. Für Nutzfahrzeug- und Großmotoren werden Zylinderlaufbuchsen auf der Basis von Gusseisen bevorzugt. Die notwendige Wandstärke hängt wesentlich vom maximalen Druck im Arbeitstakt ab. Bei steigenden Zünddrücken und größeren Hubräumen werden in zunehmendem Maße hochfeste Werkstoffe wie GJS (Gusseisen mit Kugelgrafit) oder Stahl verwendet.

Bei nassen Zylinderlaufbuchsen wird zwischen Standard (**Bild 5.17a**) und Midstopliner (**Bild 5.17b**) unterschieden. Die Standard-Buchsen verfügen über eine Kühlung im gesamten Laufflächenbereich. Die Midstopliner haben einen Flansch innerhalb des Laufflächenbereiches. Bei dieser Konstruktion erfolgt die Wasserzufuhr nur zum oberen Teil des Laufflächenbereiches, der damit besser gekühlt wird. In beiden Fällen erfolgt die Lagefixierung und Abdichtung oben mit der Zylinderkopfdichtung und dem Zylinderkopf. Die untere Abdichtung des Wasserraumes erfolgt radial mit O-Ringen.

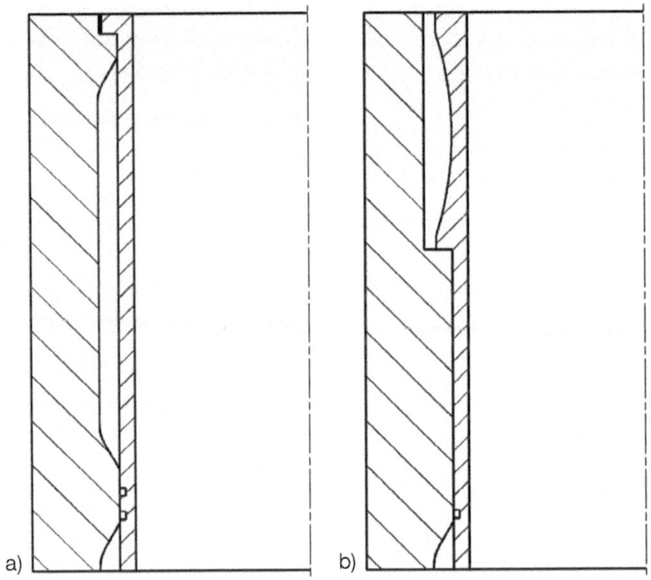

Bild 5.17:
Nasse Zylinderlaufbuchsen:
a) Standard,
b) Midstopliner

Auch im Pkw-Bereich werden für sportliche Hochleistungsmotoren noch nasse Zylinderlaufbuchsen aus Stahl oder beschichtetem Aluminium eingesetzt.

Zylinderlaufbuchsen aus Stahl werden dünner, solche aus Aluminium etwas dicker ausgelegt als Graugussbuchsen (**Bild 5.18**).

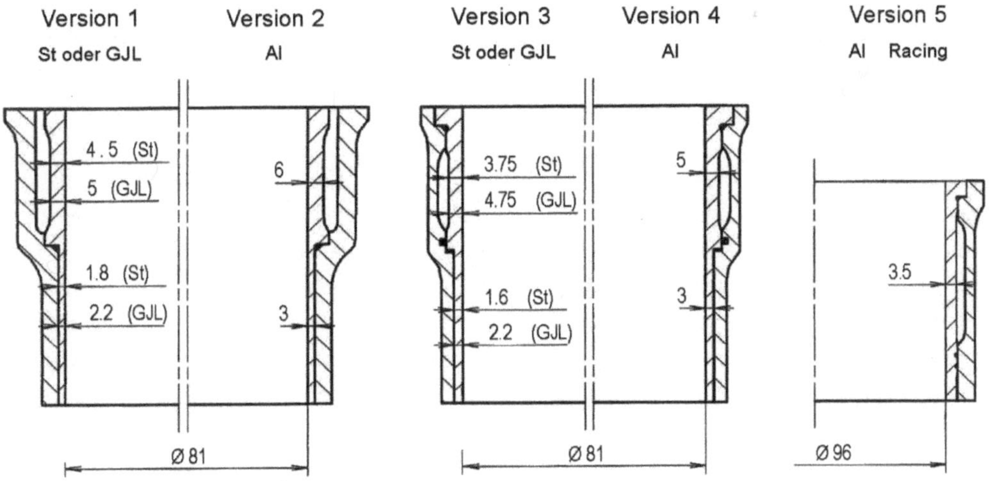

Bild 5.18: Wanddickenverhältnisse von Gusseisen mit Lamellengrafit (GJL), Aluminium (Al) und Stahl (St) im Vergleich bei Pkw-Anwendungen (Angaben in mm)

Eine besondere Gruppe sind kopfgekühlte Zylinderlaufbuchsen, die bei Großmotoren verwendet werden. Derartige Zylinderlaufbuchsen haben im Kopf der Zylinderwand, der aus dem Kurbelgehäuse herausragt, Bohrungen für den Kühlmitteldurchfluss.

Um bei Großmotoren das Anlagern von Ölkohle am Feuersteg des Kolbens zu verhindern, mindestens aber zu erschweren, kann in die Zylinderlaufbuchsen ein aus Gusseisen bestehender Ring eingesetzt werden, der in einer Ausdrehung innen oben in der Zylinderlaufbuchse lose angeordnet ist. Der Ring ragt geringfügig in den Brennraum und streift dadurch die Ölkohle am Feuersteg des Kolbens ab. Bei Nkw-Dieselmotoren ist die Verwendung eines solchen Rings schwierig, da dort weniger Bauraum für den Ring zur Verfügung steht. Hier kann beispielsweise ein Rändeln der Zylinderlaufbuchse eingesetzt werden, oder es kommen Abstreifringe aus Blech in Frage.

5.4.4 Werkstoffe

Als Werkstoffe für Zylinderlaufbuchsen kommen Gusseisen, beschichtete oder unbeschichtete Aluminiumlegierungen oder Stähle zur Anwendung. Aluminiumbuchsen werden mit NIKASIL® beschichtet, Stahlbuchsen können gehärtet, armiert oder mit CROMAL® beschichtet sein.

Die Anforderungen an den Bauraum, die Betriebsbedingungen des Motors und die Kosten bestimmen die Wahl des Werkstoffs für die Zylinderlaufbuchsen und deren Eigenschaften. Wichtige Eigenschaften sind das spezifische Gewicht, die Mikrostruktur, Härte, Zugfestigkeit bzw. Schwingfestigkeit, thermische Leitfähigkeit, thermischer Ausdehnungskoeffizient, Steifigkeit bzw. Elastizitätsmodul. Bei Dieselmotoren wird Gusseisen bevorzugt. Zylinderlaufbuchsen aus Aluminium bieten deutliche Vorteile in der Wärmeleitfähigkeit und im spezifischen Gewicht. Stahl zeichnet sich durch hohe Festigkeit und Steifigkeit aus.

Gusseisen ist in zahlreichen Legierungsvarianten eine seit Jahrzehnten bewährte und kostengünstige Lösung für Laufbuchsen, siehe **Tabelle 5.4**. Lamellarer Grauguss (GJL) mit perlitischem Grundgefüge kann mit Zugfestigkeiten bis zu etwa 350 MPa hergestellt werden. Zur Gewährleistung der Verschleißbeständigkeit werden Phosphor oder Carbid bildende Elemente zulegiert oder die Laufflächen induktiv gehärtet. Phosphor bildet harten Steadit, der bei genügend hohen Phosphoranteilen als Netzwerk entsteht. Für Festigkeiten > 400 MPa bietet sich lamellarer Grauguss (GJL) mit bainitischem Grundgefüge oder Gusseisen mit Kugelgrafit (GJS) an, siehe **Bilder 5.19 bis 5.21**.

Als Buchsenwerkstoffe auf Aluminiumbasis werden die in **Tabelle 5.2** genannten Legierungen verwendet. Für Stahlbuchsen, die beschichtet werden, kommen einfache Baustähle in Frage.

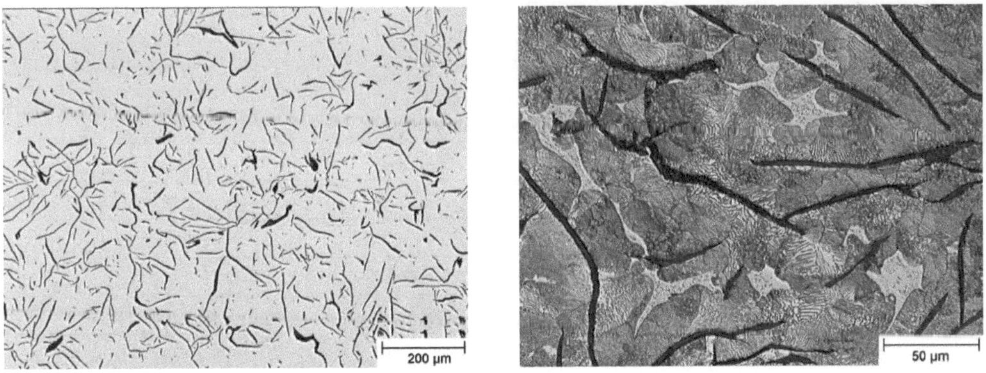

Bild 5.19: Gusseisen mit Lamellengrafit (GJL) – Perlit
links: ungeätzt, Grafit: Typ A und B, Größe: 4–6; rechts: geätzt, Grundgefüge: Perlit, max. 5 % Ferrit, Steaditnetz

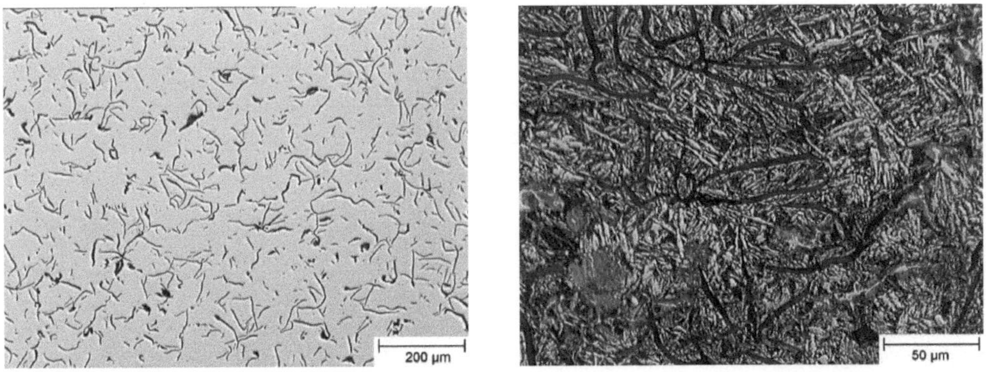

Bild 5.20: Gusseisen – Bainit
links: ungeätzt, Grafit: Typ A und B, Größe: 4–6; rechts: geätzt, Grundgefüge: Bainit und feinster Perlit

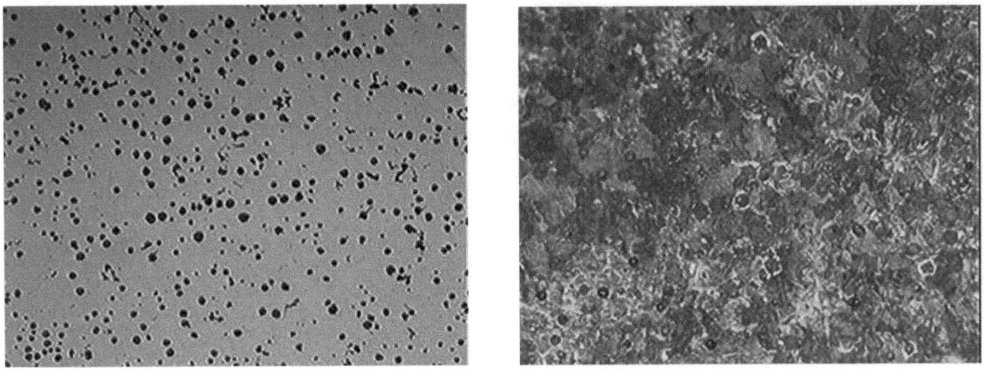

Bild 5.21: Gusseisen mit Kugelgrafit (GJS) – Perlit
links: ungeätzt, Grafit: Kugelgrafit; rechts: geätzt, Grundgefüge: Perlit mit max. 5 % Ferrit

Tabelle 5.4: Eigenschaften von Gusseisen für Zylinderlaufbuchsen (Richtwerte)

Eigenschaften		**Gusseisen mit Lamellengrafit (GJL)**		**Gusseisen mit Kugelgrafit (GJS)**
Grundgefüge		Perlit	Bainit und feinster Perlit	Perlit
Härte [HB]		180 – 300	270 – 330	260 – 330
Zugfestigkeit [MPa]		200 – 350	400 – 600	≥ 600
Elastizitätsmodul [GPa]		100 – 120	120 – 140	≥ 150
Chemische Zusammensetzung (Gewichts-%)	C	2,8 – 3,3	2,6 – 2,8	3,1 – 3,7
	Si	1,8 – 2,1	1,4 – 2,0	2,1 – 2,8
	Mn	0,6 – 1,0	Max. 0,8	0,35 – 0,65
	P	Max. 1,0	Max. 0,08	Max. 0,1
	S	Max. 0,12	Max. 0,08	Max. 0,02
	Cr	0,1 – 0,3	–	–
	Mo	Max. 0,6	1,0 – 1,5	–
	Cu	Max. 0,8	–	Max. 0,1
	B	Max. 0,07	–	–
	Ti	–	–	–
	Ni	Max. 1,2	1,0 – 1,5	Max. 1,0

5.4.5 Oberflächenbehandlung

Die durch Honen erzeugte Laufflächenstruktur beeinflusst ganz wesentlich die Betriebsbedingungen des Motors, das Einlaufverhalten der Kolbenringe und den Verschleiß der Laufpartner. Während des Honens führt ein mit Honsteinen besetztes zylinderförmiges Werkzeug gleichzeitig eine rotierende und eine Vertikalbewegung aus. Dadurch entsteht im Zylinder eine Kreuzriefenstruktur. Bei MAHLE werden unterschiedliche Verfahren wie Normalhonen, Bürsthonen, Plateauhonen und Gleithonen angewendet. Die Honoberfläche lässt sich durch Rauheitsmessung, Fax-Film, Weißlichtinterferometrie und Mikrostrukturuntersuchungen charakterisieren. Für die Auswertung der Rauheitsmessung an Zylinderoberflächen sind die in DIN EN ISO 13565-2 genormten Werte gemäß **Tabelle 5.5** üblich.

Bei übereutektischen Aluminium-Silizium-Zylinderlaufbuchsen werden, wie bei den Kurbelgehäusen, die Laufflächen chemisch geätzt oder mechanisch freigelegt. Eutektische AlSi-Zylinderlaufbuchsen erhalten eine NIKASIL®-Beschichtung (**Bild 5.27**).

Tabelle 5.5: Rauheitskenngrößen für gehonte Oberflächen

Kenngröße	Beschreibung	Einfluss auf Funktion
R_{pk}	Reduzierte Spitzenhöhe	Viele und hohe Spitzen über die Kernrautiefe (R_k) verlängern die Einlaufphase und können zu erhöhtem Verschleiß führen.
R_k	Kernrautiefe	Die Kernrautiefe bestimmt im Wesentlichen den Ölverbrauch. Je kleiner die Kernrautiefe, desto geringer der Ölverbrauch. Die erzielbare Kernrautiefe ist abhängig vom Honverfahren.
R_{vk}	Reduzierte Riefentiefe	Die tiefen Riefen bilden das Ölreservoir. Zu geringe R_{vk}-Werte können zu erhöhtem Langzeit-Ölverbrauch führen.
M_{r1}	Materialanteil der herausragenden Spitzen	Um die Einlaufphase kurz zu halten, ist ein kleinstmöglicher Wert anzustreben.
M_{r2}	Materialanteil der Kernrautiefe	Werte sind abhängig vom Honverfahren. Sie bilden zusammen mit R_{vk} ein Maß für Ölhaltevolumen (V_0).

5.5 Leichtmetallzylinder

Die Konstruktionsmerkmale der Leichtmetallzylinder werden wie beim Kurbelgehäuse durch den jeweiligen Anwendungsfall bestimmt.

5.5.1 Leichtmetallzylinderbauarten für Kleinmotoren

Je nach Anwendungsfall wird nach folgenden Merkmalen unterschieden:

- **Kühlung**
  Fahrtwindkühlung, Gebläsekühlung, Wasserkühlung
- **Motorkonstruktion**
  Einbauzylinder, Zylinderblock; Zylinder oder Zylinderblock bilden mit Kurbelgehäuse bzw. Zylinderkopf eine Einheit
- **Arbeitsverfahren**
  Zylinder für Viertaktmotoren als Einbauzylinder mit durchgehender Bohrung
- Bei **Zweitaktmotoren** sind die Zylinder wesentlich komplizierter, da sie die für den Gaswechsel notwendigen Ansaug-, Überström-, Auslasskanäle und ggf. Reinluftkanäle enthalten und überwiegend mit angegossenem Zylinderkopf bzw. teilweise mit Kurbelwellenlagerung hergestellt werden

5.5.2 Luftgekühlte Zylinder

Luftgekühlte Zylinder erhalten zur Kühlung am Außenumfang Kühlrippen zur Erhöhung der wirksamen Wärmeübertragungsfläche. Theoretisch sind Kühlrippen mit sich nach außen verjüngendem Querschnitt am wirksamsten. Bei gegossenen Zylindern werden diese jedoch aus fertigungstechnischen Gründen bei annähernd gleicher Kühlleistung schwach trapezförmig mit verrundeten Kanten ausgeführt (**Bild 5.22**).

Die Wärmeübertragung an den Kühlrippen steigt bei:

- Erhöhung der Rippenfläche (engere Teilung, größere Rippenhöhe),
- Vergrößerung der Kühlluftgeschwindigkeit,
- Übergang von freiem auf geführten Kühlluftstrom,
- Übergang auf einen Zylinderwerkstoff mit höherer Wärmeleitfähigkeit (z.B. von Grauguss auf Aluminium).

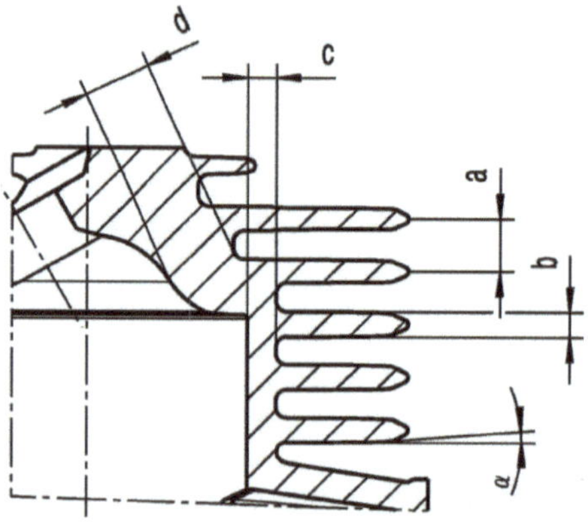

Gießverfahren	a	b	c	d	α
Sandguss	6,5	1,4	5	c + 2	1,5°
Niederdruck-guss	6,5	1,4	5	c + 2	1°10′
Druckguss	6	1	4	c + 1	1°

Bild 5.22: Mindestmaße für gegossene Kühlrippen (Mindestwerte in mm)

Der Einfluss der einzelnen Faktoren wird mit entsprechenden Berechnungsverfahren recht genau wiedergegeben. Wegen der sehr komplexen Verhältnisse des gesamten Wärmetauschvorgangs zwischen Zylinderfüllung und der Kühlluft ist jedoch eine theoretische Ermittlung der Zylindertemperatur sehr aufwendig. Messungen am Motor sind wirtschaftlicher. Bei luftgekühlten Motoren mit hoher spezifischer Leistung haben sich Leichtmetallzylinder bewährt, wobei eine Erhöhung der Kühlleistung durch Erhöhung der Kühlrippen nur begrenzt möglich ist. Rippenhöhen mit mehr als 60 – 80 mm bringen in Bezug auf Wärmeabfuhr auch bei Leichtmetallzylindern nur wenig Verbesserung. Eine Verlängerung der Kühlrippen ist bei Leichtmetallzylindern wirksamer als bei solchen aus Gusseisen. Kleinere Rippenteilungen als 6 mm sind bei gegossenen Zylindern, von Ausnahmen abgesehen, aus gießtechnischen Gründen nicht zweckmäßig. **Bild 5.22** enthält die für die Herstellung wesentlichen Mindestmaße im Rippenbereich. Bei niedrigen Rippenhöhen lassen sich durch spanende Bearbeitung Rippenteilungen von minimal 4 mm verwirklichen.

5.5.3 Kanalformen und Ladungswechsel bei Zweitaktmotoren

Von den meisten kleinen Zweitaktmotoren werden hohe spezifische Motorleistungen verlangt. Benötigt werden hohe Drehzahlen und ein wirksamer Ladungswechsel. Da mit steigender Drehzahl die Zeit für den Ladungswechsel immer kürzer wird, müssen die Steuer- und damit Kanalquerschnitte möglichst groß sein.

Die vom Gesetzgeber vorgeschriebenen Emissions-Grenzwerte erhöhen zusätzlich die Komplexität der Konstruktion. Besonders für handgeführte Motorgeräte spielt das Gewicht eine große Rolle. Daher sind hier integrale Lösungen notwendig, um diesen Abgaswerten zu entsprechen.

Beim konventionellen Zweitaktmotor treten prinzipbedingt Spülverluste auf. Dadurch wird unverbranntes Luft-Öl-Kraftstoffgemisch in den Auspuff „gespült", was dazu führt, dass Verbrauch und Emissionen ansteigen. Insbesondere die sogenannte Luftspülung stellt hier eine mittlerweile gängige Lösung dar, um die Spülverluste zu minimieren. Hierbei wird dem Kraft-

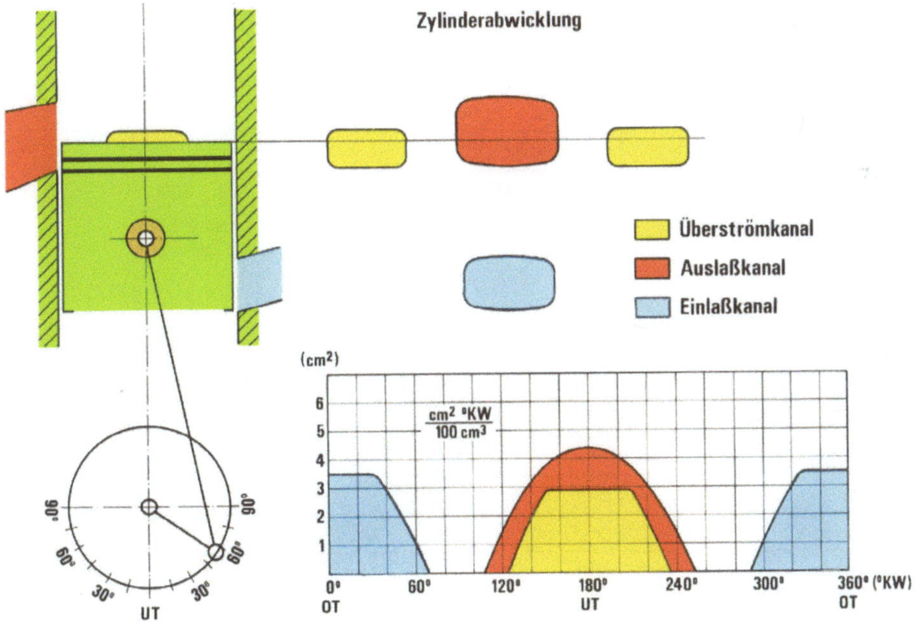

Bild 5.23: Zeitliche Abfolge der Ladungsquerschnitte an Zweitaktmotoren

stoff-Luftgemisch über zusätzliche Reinluftkanäle ein Luftpolster vorgelagert, sodass beim Spülvorgang fast ausschließlich Frischluft in den Abgastrakt entweicht.

Der aus dem Steuerdiagramm nach **Bild 5.23** abgeleitete Winkel- bzw. Zeitquerschnitt ist ein Maß für die während des Ladungswechsels effektiv zur Verfügung stehenden Ansaug-, Spül- und Auspuff-Steuerquerschnitte.

Bild 5.24 beschreibt die Abhängigkeit der spezifischen Motorleistung von Zeitquerschnitten bezogen auf 100 cm^3 Hubvolumen für verschiedene Hochleistungs-Zweitaktmotoren. Diese Auslegung der spezifischen Zeitquerschnitte im Steuerdiagramm erlaubt es, den praktischen Versuchsaufwand erheblich zu verringern.

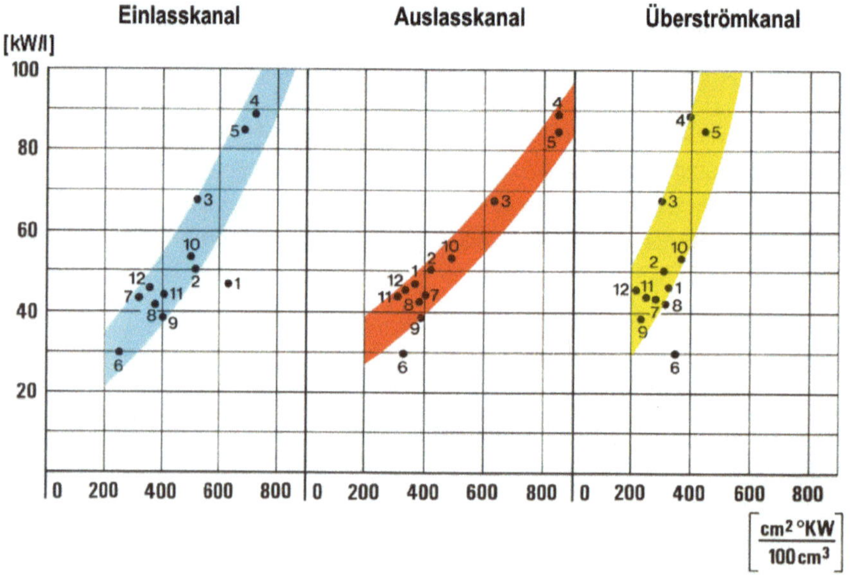

Lfd. Nr.	Anwendung	Hubraum
1	Motorsäge	31,7 cm^2
2	Motorsäge	44,4 cm^2
3	Motorrad	47,6 cm^2
4	Motorrad	49,9 cm^2
5	Motorrad	49,9 cm^2
6	Mofa	49,9 cm^2

Lfd. Nr.	Anwendung	Hubraum
7	Motorsäge	55,5 cm^2
8	Motorsäge	60,8 cm^2
9	Motorsäge	68,7 cm^2
10	Motorrad	73,1 cm^2
11	Motorsäge	80,5 cm^2
12	Motorsäge	105,5 cm^2

Bild 5.24: Beispiele für spezifische Zeitquerschnitte an Hochleistungs-Zweitaktmotoren

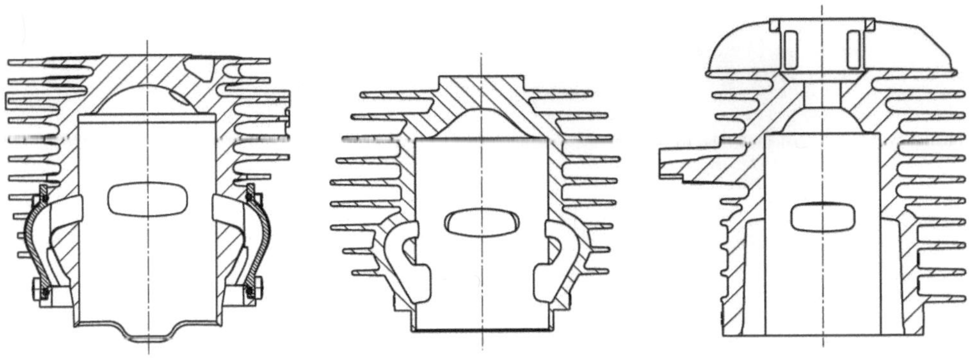

Bild 5.25: Ausführungsformen von Überströmkanälen in Zweitaktmotoren

Die Komplexität des Ladungswechsels und der Steuerzeiten hat mit der Einführung der bereits erwähnten luftgespülten Zweitaktmotoren zugenommen. Je nach Ausführung der Luftspülung werden zusätzliche Reinluftkanäle benötigt.

Zu breite Kanalfenster in der Zylinderlauffläche beeinträchtigen das Laufverhalten der Kolbenringe und wirken sich auf die Formbeständigkeit des Zylinders ungünstig aus. Die Breite von Auslass- und Einlassfenster soll 56 % des Zylinderdurchmessers nicht überschreiten. Durch bogenförmig ausgebildete Ober- und Unterkanten der Kanalfenster wird die mit steigender Drehzahl zunehmende Belastung der Kolbenringe durch die Kanalkanten in erträglichen Grenzen gehalten.

Zur Verringerung der Verluste beim Gaswechsel ist eine strömungsgünstige Gestaltung der Kanäle erforderlich. Insbesondere die Ausbildung der Überströmkanäle (**Bild 5.25**) hat einen großen Einfluss auf die Motorleistung. Sie leiten die Frischgasladung vom Kurbelraum in den Zylinder, wobei diese um fast 180° umgelenkt wird.

Ein möglichst gleichmäßig gekrümmter Kanal, der sogenannte Henkelkanal, hat dabei die geringsten Strömungsverluste. Er hat sich bei gedrungenen Motorkonstruktionen, z. B. für Motorsägen, durchgesetzt. Dabei ist es gelungen, durch die Verwendung von außengespülten Kolben die untere Mündung des Henkelkanals so weit nach oben zu verlegen, dass kurze, steife, am unteren Ende nicht durchbrochene Zylinder entstehen. Der außengespülte Kolben entsteht durch Zurücknahme der Kolbenwand im Bereich der Nabenbohrungen (**Bild 5.26**).

Das beim Gießen der Zylinder zu verwendende Verfahren wird durch die Ausführung der Überströmkanäle vorgegeben.

Die leistungsmäßig günstigen Zylinder mit Henkelkanälen erfordern verlorene Sandkerne. Sie sind daher nicht im Druckgießverfahren herstellbar. Eine Alternative stellen gebaute Zylinder mit außenliegenden Überströmkanälen dar, die mit einem Deckel geschlossen werden.

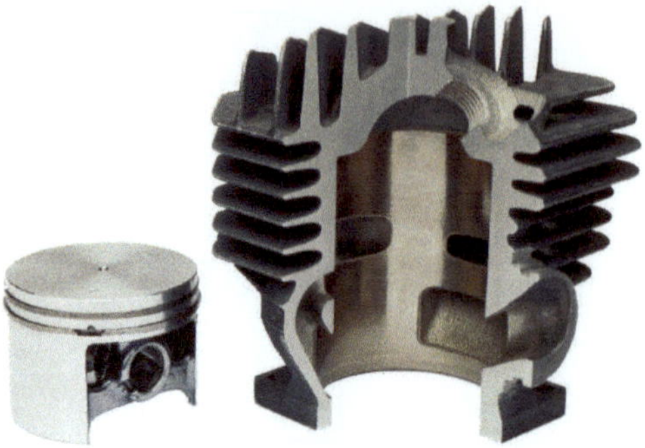

Bild 5.26:
NIKASIL®-Sacklochzylinder für eine Zweitakt-Baumsäge: kurzer Henkelkanal mit außen gespültem Kolben

Zylinder mit geraden, offenen Spülkanälen – der hin- und hergehende Kolben bildet eine Wand des Kanals – lassen sich im Druckgießverfahren herstellen. Die Spülverhältnisse sind jedoch noch ungünstiger als beim geschlossenen, geraden Kanal. Da diese Bauart nicht sehr formstabil ist, ist sie nur für niedrig belastete Motoren geeignet.

5.5.4 Zylinder für Viertaktmotoren

Verschärfte Abgasgesetze veranlassen die Motorenhersteller, auch bei handgeführten Kleinmotoren das Viertaktprinzip zu verfolgen. Die bisherigen Entwicklungen mit dem Ziel, möglichst kleine, leichte, lageunabhängige und hochdrehende Konstruktionen darzustellen, haben sich jedoch noch nicht durchgesetzt.

5.5.5 Oberflächenbehandlung

Abhängig von geforderter Lebensdauer und Betriebssicherheit stehen dem Anwender von Leichtmetallzylindern verschiedene Laufflächenbeschichtungen zur Verfügung. In jedem Fall sind Leichtmetallzylinder ohne Laufflächenbeschichtung oder mit dünnen Armierungen aus anderen Metallen bezüglich Wärmeabfuhr und Gewicht annähernd gleichwertig und günstiger im Vergleich zu gusseisernen Zylinderlaufbuchsen.

Tabelle 5.6 gibt die Wertigkeit von Leichtmetallzylindern mit verschiedenen Laufflächenbeschichtungen im Vergleich zum Graugusszylinder wieder. Dabei werden nach der Beziehung

$$\tau = \frac{T^\circ \text{ Grauguss}}{T^\circ \text{ Leichtmetall}}$$

die Temperaturen im Rippengrund nahe dem Brennraumboden von Grauguss- und Leichtmetallzylindern verglichen.

Tabelle 5.6: Wertigkeit verschiedener Laufflächenbeschichtungen bezogen auf GG-Zylinder

Zylinder	Laufflächenbeschichtung	Wertigkeit der Wärmeableitung τ
Graugusszylinder	–	1
Leichtmetallzylinder mit Laufflächenbeschichtung	NIKASIL®	1,16 – 1,19
	CROMAL®	1,16 – 1,19
Leichtmetallzylinder ohne Armierung	–	1,17 – 1,20

Folgende Beschichtungen haben sich in der Praxis bewährt:

NIKASIL®

Die Lauffläche der mit NIKASIL®-beschichteten Leichtmetallzylinder besteht aus einer von MAHLE entwickelten, im fertig gehonten Zustand ca. 0,05 mm starken, Nickeldispersionsschicht (**Bild 5.27**).

Diese galvanisch aufgebrachte Nickelschicht – mit einer gleichmäßigen Einlagerung von harten Silizium-Carbid-Teilchen (< 2,5 µm Kantenlänge) – ergibt nach dem Honen eine relativ „glatte" Zylinderlauffläche.

NIKASIL® ungehont

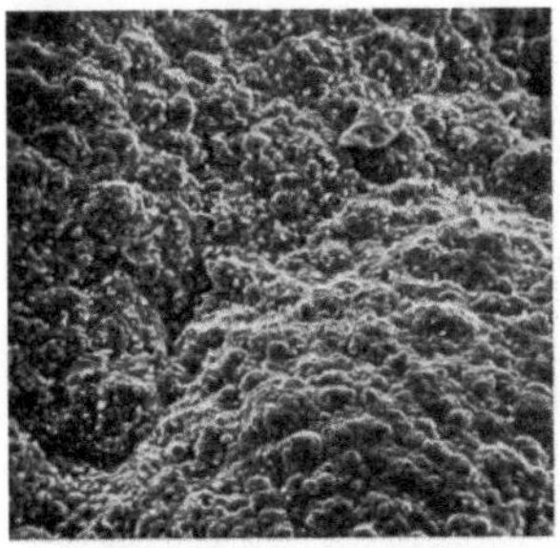

V = 500fach

NIKASIL® gehont (Diamant + Glätten)

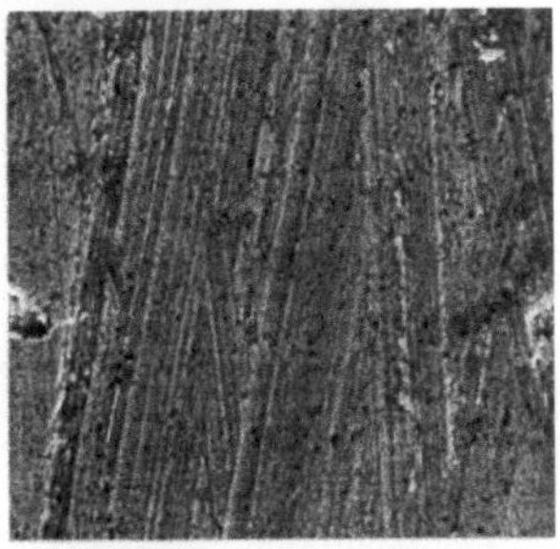

V = 500fach

Bild 5.27: Laufflächen mit NIKASIL®-beschichtetem Zylinder ungehont und gehont

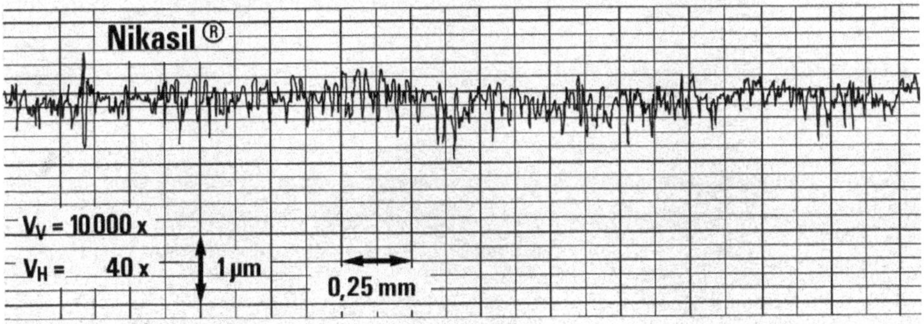

Bild 5.28: Rauheitsprofil einer NIKASIL®-Schicht

Bild 5.28 zeigt das Profildiagramm einer typischen NIKASIL®-Schicht. Der Tragrauheitswert *TR* hat die Größen 0,4/96/1,2 (0,4 μm mittlere Rauheit der tragenden Fläche mit 96 % Traganteil; mittlere Tiefe der tiefen Riefen 1,2 μm).

NIKASIL® als Zylinderlauffläche führt zu einem schnellen Einlaufen und damit verbunden raschem und gutem Abdichten der Kolbenringe. Zusammen mit der sich durch NIKASIL® ergebenden geringen Reibleistung erhält man optimale Eigenschaften in Bezug auf Motorleistung, Durchblasemenge, Ölverbrauch und Zylinderverschleiß.

NIKASIL®-Zylinder werden heute in großen Stückzahlen serienmäßig bei luftgekühlten Zweitakt- und Viertaktmotoren verwendet. Im Rennmotorenbau wird NIKASIL® weltweit, auch bei wassergekühlten Viertaktmotoren, mit sehr viel Erfolg eingesetzt.

CROMAL®

Diese Beschichtung ist eine galvanisch aufgebrachte Hartchromschicht von ca. 0,06 bis 0,08 mm Dicke (**Bild 5.29**).

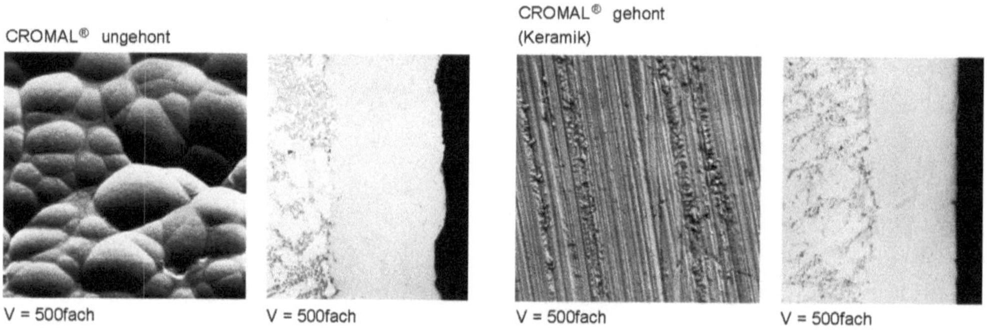

Bild 5.29: Laufflächen von CROMAL®-beschichteten Leichtmetallzylindern ungehont und gehont

Der Verschleiß der Chromlaufschicht und der darauf laufenden Kolbenringe wird im Motorbetrieb durch die Ausbildung der Schichtoberfläche wesentlich beeinflusst, die für eine möglichst gleichmäßige Verteilung und gute Haftung des Schmieröls an der Zylinderlauffläche sorgen soll.

Das heute meist angewendete Honen mit Diamantleisten erzeugt eine Rauheit R_a von ca. 2,5 μm, die anschließend geglättet wird, sodass eine Plateaustruktur entsteht.

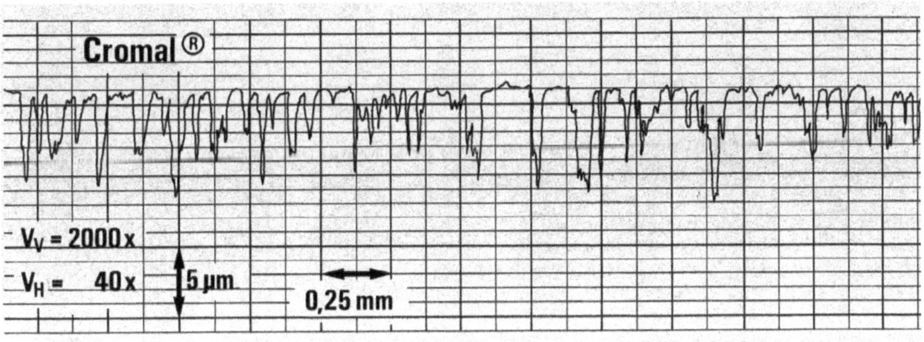

Bild 5.30: Rauheitsprofil einer Diamant-gehonten CROMAL®-Zylinderlauffläche

Das Rauheitsprofil in **Bild 5.30** zeigt eine typische diamantgehonte CROMAL®-Zylinderlauffläche mit einem Tragrauheitswert *TR* von 1,2/77/4,5. Das Honen mit Diamantleisten hat in der Praxis das früher angewendete Porösverchromen oder Netzverchromen sowie das Randrieren weitestgehend abgelöst. Die richtig ausgebildete Chromlauffläche ergibt einen guten Laufpartner für den Kolben und die Kolbenringe. Die Härte und die chemische Widerstandsfähigkeit der Chromschicht führen zu niedrigen Verschleißwerten für Zylinder und Kolbenringe und zu einer langen Lebensdauer.

Glossar

Anlaufscheibe	Axial wirkende Lagerscheibe
Abstreifring	siehe *Ölabstreifring*
Brandspur	Zeichen örtlicher Überhitzung zwischen Kolbenring und Zylinderlauffläche infolge Ölmangels
Cracken	Trennen des großen Pleuelauges durch Bruch
Dachfasenring	1. Kolbenring mit beidseitiger dachförmiger Anfasung der Lauffläche
Eingussbuchse	In den Motorblock eingegossene Zylinderlaufbuchse
Flanken	Axiale Flächen des Kolbenrings bzw. der Kolbenringnuten
Formfüllungsvermögen	Fähigkeit eines Kolbenrings, sich an der Zylinderlauffläche anzulegen
Gleichfasenring	Ölabstreifring mit zwei Laufflächen, deren Kanten gleichsinnig angefast sind
I-Ring	I-förmiger Ölabstreifring
Kavitation	Örtlicher Werkstoffabtrag an der wasserseitigen Zylinderwandung infolge von Implosionen von Wasserdampfblasen
Klemmpleuel	Kolbenbolzen, der im Pleuelauge durch eine Schrumpfpassung fixiert ist
Kolbenbolzen	Verbindungsglied zwischen Kolben und Pleuelstange
Kolbenring	Geschlitzter, selbstspannender Ring
1. Kolbenring	Erster brennraumseitiger Kolbenring
Kompressionsring	siehe *1. Kolbenring*
Lagerspiel	Spalt zwischen den Reibpartnern zur Vergleichmäßigung der Lasten durch den Ölfilm
Lamellenring	Federgestützter Ölabstreifring
Lauffläche	siehe *Zylinderlauffläche*
Nasenring	Spezielle Form eines Kolbenrings
Nasse Buchse	Von Kühlwasser außen umspülte Zylinderlaufbuchse
Normalkraft	siehe *Seitenkraft*
Ölabstreifring	Kolbenring, der die Aufgabe hat, Öl von der Zylinderlauffläche definiert abzustreifen
Passlager	Radiallager mit axialen Anlaufflächen
Pleuelgeige	Fläche, welche die Pleuelstange während einer Umdrehung der Kurbelwelle überstreicht

Rechteckring	Grundform des 1. Kolbenrings
Ringflattern	Auftreten von radialen oder axialen Schwingungen des Kolbenrings
Ringstecken	Festsitzen des Kolbenrings infolge Verkokung in der Kolbenringnut
Ringstoß	Enden des offenen Kolbenrings
Seitenkraft	Teil der bei der Verbrennung auf den Kolben ausgeübten Kraft, die über den Kolbenschaft auf den Zylinder wirkt
Stoßspiel	Abstand der Kolbenringenden im Einbauzustand
Trapezring	Kolbenring mit ein- oder beidseitig trapezförmig ausgebildeten Flanken
Trockene Buchse	Zylinderlaufbuchse, die nur indirekt durch Wasser gekühlt wird, d. h. keinen direkten Kontakt mit dem Kühlwasser hat
Twist	Verformung eines innen einseitig angefasten Kolbenrings
Verdichtungsring	siehe *1. Kolbenring*
Zylinderlaufbuchse	In den Motorblock eingesetzte Laufbuchse
Zylinderlauffläche	Innere Oberfläche der Zylinderbohrung

Sachwortverzeichnis